地域絶品づくりのマーケティング

地方創生と北海道フード塾

一般社団法人 流通問題研究協会 編　三浦 功 著

中央経済社

本書の発刊に当たって

北海道の豊かな自然と広大な土地で育まれた水産，農畜産物などの新鮮で美味しい食材，そして加工品は，「食の北海道ブランド」として国内外から高い評価をいただいています。

道では，こうした豊富な食資源の付加価値を高め，本道の食産業を担う人材を育成するため，産学官金のオール北海道の食クラスター連携体制により，平成25年から「北海道フード塾」をスタートさせました。研修は，全5回10日間，道内外で活躍中のマーケティングや商品開発のプロたちが講師として集結し，マーケティング戦略，営業戦略の立て方といった基本理論から，食と観光，売れる場づくり，物流の仕組みなど，幅広いテーマでカリキュラムを組んでいます。

塾生たちは，学んだ理論や戦略を自社商品にあてはめて，地域特有の資源を取り入れ，絶品づくりに向けた自社の「3ケ年計画」を作り上げます。講義は聞くだけではなく，積極的に参加してもらう形式なので発言の機会も多く，塾生同士や講師との絆も深まります。研修の最終日には，塾生，一人ひとりが研修の成果である「3ヶ年計画」の実現に向けた決意表明を行い，塾生全員で共有します。マーケットインの発想を持ち，自己研鑽を怠らない高い志を持った北海道の食のキーマンたちの誕生です。この塾を開講して5年目が経過し，これまで１２７名の修了生を輩出してきました。修了生の皆さんは、この塾を通じて生まれた修了生同士のネットワークを将来につなげていこうと、ＯＢ会「Ｅ‐ＺＯ（イーゾ）」を立ち上げ、コラボ商品の開発や次に続く人材の発掘、育成など活発な活動を始めています。

本年は、北海道命名１５０年の節目の年です。先人たちから受け継いだ豊かなふるさと北海道を次の世代にしっかり引き継いでいくために、食や観光など本道の強みを最大限に活かした産業の育成や付加価値を高める取組が求められています。北海道フード塾で学んだ皆さんは、食の宝庫である本道の特色を活かして一層価値の高い北海道産食品を作り上げ、国内外への販路拡大に意欲を持つ人材であり、これからの北海道の食産業にとってかけがえのない存在です。道といたしましても、本道の将来を担う人づくりに取り組むとともに、こうした人材と連携しながら、世界に向けて「北海道ブランド」の魅力を一層発信してまいりたいと考えています。

「解決策は消費者がもっている。解決力は自分にしかない」と生活者起点の絶品づくりを塾の基軸として、開講当初から熱心に「北海道フード塾」をご指導いただきました三浦功氏並びに一般社団法人流通問題研究協会の皆様に心から敬意を表しますとともに、この一冊が北海道、ひいては日本の「食」を担う若者たちの道標となることを期待しています。

平成30年４月20日

北海道知事　**高橋　はるみ**

●目　次

「地域絶品づくりのマーケティング―地方創生と北海道フード塾」

第2章

マーケティングとはお客さまへのお役立ち競争です
―小さい企業のマーケティング、それは絶品づくり――― 19

流通業のマーケティングを知る
―お客さまへのお役立ち競争の現場―133

第9章 絶品マーケティングとロジスティクス

―物流危機を怖がるな、絶品とやりくりで乗り切ろう―

はじめに

◆付加価値を高めよう

「道東サンマ漁今年も苦戦　薄い魚群身も細く」

これは2017年9月14日北海道新聞一面トップの見出しです。日本一の漁獲量を誇る北海道のサンマ漁が激変しています。道南イカ漁の不振で、函館のイカ加工業は輸入イカで凌(しの)いでいます。

この大変化は漁業に限りません。2016年は台風の影響もあって、ジャガイモの大不作が社会問題になりました。大手ポテトチップスのメーカーが生産をやめて、ほかの製品に切り替えるといった騒ぎでした。農業は大きく気候条件に左右されますし、漁業は温暖化の影響で魚種が変わるうえに、外国漁船による公海でのごっそり漁業にもっていかれます。

「北海道は世界一の漁場をもち、広い農地をもつ日本ばなれした生産地なので、良い素材を獲(と)っていればそれで十分やっていける」といった時代は昔の話です。自前で安定した付加価値のある商品をつくらなければならない時代が本格化しています。

北海道の食の会合に行くと、「素材は素晴(すば)らしいのですが商品化が弱くて儲(もう)かりません」

というぼやきを聞きます。事実、食統計を見ても製造品出荷額は全国2位ですが、付加価値率は全国の33％に対して27％という低さで全国44位です。

理由はいろいろあります。大量に獲れた一次産品のほとんどは内地の工場に直送されて商品になります。道内流通はその素晴らしい素材の力に頼りすぎて、北海道らしい加工食品が多くありません。内地の大規模な食品メーカーの傘下にあって、「量」を提供することで生きてきた多くの中小生産者には、自前の商品をつくる経験が不足しています。

この構造を変えなければ、付加価値づくりによる地方創生はできません。

◆クラスター政策と人づくり

対策は、北海道がもつ素晴らしい食資源と大自然観光を結びつけた、ブランドマーケティングを自前でやることです。下請けマーケティングではなく、「小さくても自立心のある多数」を育てることです。

この課題に早くから気づいていた道では、平成22年度から食クラスター政策という政策に取り組んでいます。食クラスター政策とは、産学官金の連携と協働によるオール北海道の体制を形成し、「北海道ならではの食の総合産業化」を確立するための政策です。その一環として、食クラスター「フード塾」という人づくりの政策がはじまりました。

いろいろ考えても、結局は〝人〟だという結論です。高橋はるみ北海道知事は、早くから北海道ブランドの本格化を提唱しています。食クラスター「フード塾」は、これを実践する尖兵を育てようという北海道の政策です。人づくりには時間がかかりますし、お金だけでは解決しません。急がば回れに気づいた北海道の姿勢は立派です。

◆食クラスター「フード塾」

食クラスター「フード塾」は、2013年に1期生19名でスタートしました。コンセプトは、「解決策は消費者がもっている、解決力は自分にしかない」です。

2017年で5年目、9月に5期生33人を迎えました、送り出した塾生は、これまでに127人になりました。5期生の多くは、これまでに修了したOB・OGたちの口コミや推薦で来た人たちです。それだけに事前の気構えが違います、頼もしい限りです。

これまでの修了生の中から、びっくりするような絶品をつくり出す仲間が増えています。修了生たちは塾修了のあと、自分でなにをやったのか、どのような壁にぶち当たったのか、それをどう乗り越えたのか、という体験交流を続けています。その場が「E‐ZO（イーゾ、蝦夷）」いう名前のOB会です。「小さくても自立心のある多数」の芽が生まれました。

北海道は日本ばなれした広さをもっています。塾生仲間が手軽に会おうと思っても、そう簡単にはいきません。地元に帰ればひとりになりがちです。塾で学んだ多くの刺激も、現実の前ではしぼみがちです。「どうせ…」という気持ちになりがちです。そのときの合言葉は、「ひとりじゃないんだ」です。

◆IDRとの結びつき

一般社団法人流通問題研究協会（以下、「IDR」）は、1964年に誕生した流通専門研究機関です。当時、社会問題にさえなっていた大規模店舗と地域中小商店との確執をどうバランスさせていくかが研究テーマでした。

専門店化への道やボランタリーチェーンへの参加など、小さい商店を強化して大規模小売業との競争力を高めようという実証研究を続けました。地域商店は地域生活にとって売り買いを超えた役割を果たす存在だ、と主張してきました。地域生活者の立場に立ち、地域商店の強みを活かした流通をつくることを目指しました。

以来53年が経ち、いまでは価格競争力中心の効率流通だけが主役とはいえなくなりました。高齢化社会に貢献するコンビニやミニスーパー、近隣専門店や宅配サービスなど、ラストワンマイル流通が主役になっています。

流通、特に小売競争は、社会貢献性を目指さなければ長続きしません。価格競争に対して価値競争の時代になってきました。

このような生い立ちをもった研究機関ですから、北海道の中小ビジネス活性化のお手伝いをすることは当然の仕事です。道庁からのお声がかりに賛同し、食クラスター「フード塾」の実務を引き受けて5年になります。ＩＤＲに地域マーケティングを考える良い機会を与えてくださった道庁に感謝します。

◆小さくても自立心がある多数

北海道フード塾は、豊富な北海道の資源を活かす地域マーケティング運動です。中小の意欲をもった人たちに地域ならではのマーケティングを知っていただき、じっくりと食市場を育てようという北海道の政策です。他が真似できない地域絶品を開発して、新しい需要をつくろうという活動です。

この本は、北海道フード塾の5年間を記録風に取りまとめた物語です。地方の成功者による立志伝ではありませんし、マーケティング技法の本でもありません。広い北海道に散らばる中小の事業家たちが地域マーケティングを学び合って、互いに支え合っていこうという人づくり運動の本です。

マーケティングはお客さまへのお役立ちの競争です。消費の多様化が進んでいます。一人ひとりの消費者が節約もしますが贅沢もします。普段はスーパーの特売を探しますが、給料日のあとや週末には外食を楽しんだり、少し価格は高くても好みの食材で食事を楽しみます。贈り物でも有名品を贈るだけでなく、心を贈る人が増えています。量産量販の同質商品とは違う個性のある商品が売れる時代です。

北海道フード塾では、ここを狙った絶品マーケティングのあり方を学び合っています。この市場は、小さくても自立心のある多数によって生まれる市場です。

北海道フード塾の修了生たちは、地域に戻ればすごい影響力をもった人たちです。ひとりが10人にも20人にも影響を与えます。この人たちが地域マーケティングを活かして自前のビジネスを進めれば自社も成長しますし、北海道の付加価値も上がります。北海道フード塾は全国の自治体にとって地方創生モデルのひとつになると思います。北海道フード塾と同時期に「秋田絶品マーケティング塾」がスタートし、これまでに70人が巣立っています。

この本は、学び合った修了生たちへの励ましとともに、全国各地で地域おこしや人づくりに取り組んでいる自治体や企業にとってのヒントや参考事例として役立てていただけることを願ってまとめたものです。ご活用いただければ幸いです。

三浦　功

第1章

塾をつくろう

―生活者起点で学び合おう、塾は全人格的な触れ合いの場

北海道は地場産品を積極的にマーケティングしていこうという姿勢が強い自治体です。1998年に北海道企業誘致東京事務所がIDRに入会し、協会活動のいろいろな研究会に参加しました。そのご縁で、北海道各地でのマーケティングセミナーに講師として呼んでいただき、「これからの消費や流通とマーケティング」について講演をする機会をいただきました。

ところが、一所懸命話しているつもりなのですが、何か反応がピリッと来なくて、どこか寒いのです。よく考えてみて思い当たりました。私としては何とか北海道事情に合わせた話をしたいと思っているのですが、もともと道の事情に疎い立場から話しているのですから、

空回りするのが当然です。全国の数字、東京での事例、外国の動きなどが中心になって、「上から目線」になっていたのでしょう。これに気づいて、一体感のある関係をどうつくればいいのかを自問していました。

1　江差でのセミナー、赤レンガ館での勉強

２０１１年、江差（えさし）でのセミナーをどうやろう、という相談がありました。私の故郷は高知県です。高知県馬路（うまじ）村の農協理事長・東谷望史さんに来ていただければ最高だなと話しました。かねてお付き合いがあった東谷さんに連絡を取り、口説き落として江差まで来てもらうことにしました。

東谷さんと江差に行き、道南の企業経営者を対象にした講演会をやりました。東谷さんは土佐のポン酢を地域ぐるみでコツコツと商品化し、２００万円ぐらいの年商を約30年間で30億円以上の商品に育て上げ、村おこしに成功した挑戦者です。その発想と行動をじっくり話していただきました。

「馬路村の人口は１１００人。江差町の人口は８８００人で食材は豊富、歴史や文化も馬路村よりずっと豊富です、江差ならではのビジネスをつくってください」と話を投げかけて

くれました。

夜のパーティでは、東谷さんがたくさんもってきてくださった「馬路のポン酢」をかけて江差の食材を味わいました。「ポン酢ひとつでこんなに美味しくなるのか！」と、みな感嘆しながらの食事会でした。地元食材を活かし、目的をもって実践を積み重ねることによって30億円のビジネスが生まれたのだ、という実感が場を支配しました。札幌から駆けつけた道庁担当部署のトップも、「この実例をなんとかしたい」と興奮気味でした。

ＩＤＲに「銘品流通研究会」という食流通の勉強会があります。「この分野で日本一になろう」という目的を共有する食品メーカー5社の経営者勉強会です。夏の北海道を楽しみたいという動機もあって、２０１２年の夏、北海道に勉強旅行をしました。

道庁が声をかけた道内の経営者約30人もが集まり、一緒に交流勉強会をやりました。道庁の赤レンガ庁舎館（北海道庁旧本庁舎）のミーティングルームです。全員発言という形でやりましたが、その中のひとりの話が大きな反響を呼びました。紀伊田辺で古くから梅干業を営んでいる中田食品の販売部長さんの話です。

「私どもは紀伊田辺で１００年以上、梅干し製造業をやっています。地元には南高梅という素晴らしい品種の梅があります。私どもはこの南高梅を活かし、黒潮に乗ってやってくる鰹の味と組み合わせたマイルドな味の「梅ぼし田舎漬」という商品をつくり販売したところ、鎌倉の極楽寺に住んでいた故 向田邦子先生がこの商品を気に入ってご愛用いただき、知人への贈り物として使ってくださいました。のちに文芸春秋がそのことを取り上げてくれました。これがきっかけになり、田舎漬が大変な人気商品となりました。私どもでは、この商品を通販で売り出し、一時は年商の50%を稼ぐ商品となりました。その通販の多くはハガキや電話、ＦＡＸで注文をいただく「手書き通販」です。コツコツと集めた個人アドレスをベースにした顧客リストにより、旬のお知らせとカタログをお送りし、電話やハガキでご注文いただく手書き通販は、私どもとお客さまの関係を売り買いの取引を超えた人間関係にしてくれました」。

この朴訥（ぼくとつ）な報告をしてくれたのは、一緒に来ていた中田社長の奥さまです。奥さまが販売部長さんです。

この報告研究会のあとの交流会は盛り上がり、デジタル流通もアナログ流通と対峙（たいじ）するものではないのだということを共感し合いました。また、交流メンバーの報告から、目の付けどころ次第ではまだまだ有名ブランドがない商品分野がたくさんあるし、それぞれの分野で個性的な商品づくりの可能性がいくらでもある、と気づき合いました。

2　塾をやろう、絶品塾をつくろう

◆少人数でのじっくり勉強

こうした人と人の関係をつくるにはどんなやり方がいいのだろうか、北海道庁や周りの方々と考えました。「塾がいい」、誰ともなしにそんな考えが深まってきました。そして北海道が動きました。

付加価値づくりを課題にしてさまざまな政策を実施している道です。その柱のひとつは「人づくり」であり、いろいろな研修事業があります。この研修事業の一環に、「少ない人数でじっくり学び合い、やるべき具体策を決め、実行し、見直しながら成果にまでもっていく」こんな場が欲しいという思いがありました。

これが「塾をやろう」というテーマに発展し、2013年にはじまりました。「絶品塾」がいいなとなりました。少ない経営資源を誰にも負けない絶品づくりに集中して取り組めば経営全体が強くなる、という考えです。正式名称は食クラスター「フード塾」ですが、普通の呼び名は「北海道フード塾」に決まりました。

絶品づくりのマーケティングとは、どのようなことをいうのでしょう。塾生企業の多くは小規模ビジネスです。マスコミ広告なんてやれる力はありません。東京など大消費地に支社や営業所を置いて大規模な営業戦略をやる力もありません。あるのは顔の見えるお客さまからの愛顧と、地元の消費者がもつ好き嫌いを良く知っていることです。そして、経営者自身の情熱でしょう。

この限られた資源を分散して使うのは大損です。この一品についてはどこにも負けないという地域絶品を開発して育て上げることなら、小さな企業でも個人でもできるはずです。執念をもって取り組めば必ずできるマーケティングです。どの地方に行っても、経営規模は小さくても何百年も続く老舗があります。そういった老舗は必ず「超絶品」をもっています。これをお手本にしよう、というのが絶品塾です。

自治体の政策ですから、どこかに偏(かたよ)った内容ではいけません。これまでの研修は広く道内の関係者に案内し、希望者は分け隔てなく扱うというのが原則です。塾は少人数が前提ですから、広く浅くというわけにはいきません。目的と参加条件を厳しくして、条件に合う人を絞っていく以外ありません。

道も苦労したようですが、「急がば回れ、コツコツ積み重ねて結果を出せば全体にも波及する」という考えで、自治体主導のマーケティング塾が生まれました。塾といっても、それは人づくりの研修システムですから、当然ながら目的の明確化とカリキュラム、そして講師陣が必要です。それをどうすればいいか、この問題がＩＤＲに投げかけられました。

3 いいお手本があった

◆日本マーケティング塾というお手本

どのような塾をつくればいいのか、考えをまとめるに当たって、各地の実例を調べました。かつてお手伝いに行った大分県の一村一品の〝商い塾〟もいいお手本になりました。しかし、一番の参考になったのは、１９８６年に先輩のお供をして立ち上げた日本マーケティング塾という場でした。

バブル真只中で日本中が浮かれていた時代に、「これでいいのか？」と不安をもつ４人のマーケティング教育のプロが、日本のマーケティングを実践できる人材を育てようという思いで立ち上げた塾です。故 水口健治、故 大歳良充、鳥居直隆、三浦功の４人です。

マーケティングとは、消費者がもつ不満や欲求を知り、その解決策を考え出して実践し、これまでになかった市場をつくり出すお役立ち競争です。ともすれば潜在化しがちな需要を開発提案して、経済全体を活性化する役割をもちます。お役立ち競争には無限の可能性があります。このお役立ち競争に勝った者が相応の利益を得ます。

日本マーケティング塾では、マーケティング理論を背景にしながら、実例発表と実例演習をベースにして役立つ内容を目指しました。基本は、「理念と目的と目標をしっかりもつ、自分を知り敵を知る、仮説を立て実証する、コンセプトとターゲットの明確化を通しての実践力づくりを貫く」ことです。

塾の心と姿勢は、「常に波濤（はとう）に立つ、全人格的な触れ合いでの人づくり」です。日本を代表する大企業のマーケッターたちが参加してくれました。日本マーケティング塾はいま49期を迎え、これまでに８００人以上のマーケッターを輩出しています。

◆自分の判断で機敏に動くメリット

北海道フード塾では、この日本マーケティング塾（以下、「ＮＭＪ」）の思想と体系をお手本にすることにしました。ＮＭＪの参加企業が主として大企業や中堅企業の社員であるのに対して、北海道の塾は北海道に根差した中小規模の企業経営者や個人だという点が大きく違うところです。

消費者、生活者の心を起点にしてビジネスを展開するという点は同じですが、市場が地域に絞られるという点と、経営規模が中小や個人だということは、自分という人間の個性と個人リスクで行動しなければならないという点で、大きく異なります。いわゆるサラリーマン

図表１　地域フード塾第５期カリキュラム（全５回10日間）

【第１回目（２日間）】＜札幌：フード塾の狙いとマーケティングの基本＞
- なぜ、絶品マーケティングなのか？
- マーケティング戦略と地域絶品づくり
- ブルーオーシャン戦略の考え方、地域絶品とのつながり
- グループ討議「フード塾とは何か。何を学び、何を目指すのか」
- 地域絶品開発の進め方
  マーチャンダイジング、売れる商品は何が違うのか
- SWOT分析の活かし方

【第２回目（２日間）】＜道内４地域――地域資源の活かし方と先輩OBとの交流＞
- 地域研修の目的
- OB企業視察、OB企業研究、OB交流会
- SWOT分析と討議・・わが社の強みと弱みの把握

【第３回目（３日間）】＜東京：最先端流通視察とマーケティング実務の習得＞
- 視察研究（東京ならではの見どころ、勘どころ）
  最先端商業施設、食品工場、生活提案型食品スーパーなど
  視察報告会（気づき商品の買物とその理由の報告・討議）
- パッケージ＆ネーミング、全国の絶品商品の開発戦略、６次産業化の取組み
- チャネル戦略、営業戦略、ネット通販の取り組み
- 修了論文３ケ年計画づくりの書き方

【第４回目（２日間）】＜終了論文作成と発表＞
- 修了論文「わが社の絶品マーケティング３ケ年計画」作成
  グループ討議、講師による個別指導、個人作業
- 「わが社の絶品マーケティング３ケ年計画」の発表
  全員の前で、発表と講師からのアドバイス

【第５回目（１日間）】＜決意表明と修了式／E-ZO交流会＞
- 修了論文の発表と決意表明
- 修了証書授与式（副知事から）
- OB会（E-ZO）への参加、OBとの交流会

がやるマーケティングではなく、自分という人間がやるマーケティングなのです。それだけに困難もつきまといます。資本ベースでのマーケティングがしにくい、という点です。ほとんどは自分の考えや思いでやらなければならない点です。

しかし、いいポイントもあります。やりたいと思うことを自分自身の判断で機敏にやれる、妥協せずにできるという点です。地域生活や地域経済に根差して、お客さまの顔の見えるマーケティングをやれるという点も有利なポイントです。このような功罪を整理して、カリキュラムと講師陣を決めていきました。**図表1**は第5期のカリキュラムです。

4 カリキュラムづくり、東京視察と修了論文

スタート時の講師陣は、ＩＤＲに近いスペシャリストの中から選びました。学究者というより、実践指導者という点をポイントにしてお願いしました。元タイヤメーカーの営業トップだった吉川京二さん、元音響メーカーのマーケティング責任者だった青島弘幸さん、元コンビニエンスストア（以下、「コンビニ」）の食品部長だった佐竹嘉廣さん、ＩＤＲ専務理事の橋本佳往さん、それに私の５人です。

それぞれが自分のマーケティング経験と消費者としての「食」への関心が強いメンバーで

す。アイディアを持ち寄って、これまでにないカリキュラムにたどりつきました。

なかでも受講生全員が2泊3日の日程で東京合宿をやり、さまざまな小売サービスビジネスの現場を見ながらの反省討議や、自分で買ってきた商品への意見発表などは新機軸です。なんで東京の人はこんなに小さなパッケージで我慢するのだろうか、なんで東京の人はこんなに高い商品を平気で買うのだろうか、なんで東京の人はこんなデザインの商品を好むのだろうかなど、これまで気づかなかったことへの気づきが勉強になりました。また、塾の最終日に自分で書き上げる修了論文も、塾の「らしさ」をつくりました。

1期生の人選と呼びかけが大変でした。道が全力を挙げて道内各地の振興局を動かし、地元の意欲者一人ひとりに声をかけました。19人が集まりました。マーケティングのことを知っている人も、全く知らない人もいます。

それでも全員がワンツーワンで「絶品マーケティングとは何か、どう展開すればいいか」を学び、修了論文の作成にこぎつけました。特に、「経営は生活者起点で動かねばならない」という考え方を全員が共有したことが最大の財産です。

5　ＳＷＯＴ表をつくる

◆強みを活かし、弱みを強みに変える

どのような企業も強みと弱みをもっています。強みをさらに強くして他がもたないパワーにするのが最高の手です。弱みをひっくり返して強みに変えるというのが次善の手です。自分や自社がもつ強みと弱みを冷静に見つめて、それを戦略に活かすことが「ＳＷＯＴ分析活用」です。

ＳＷＯＴ表をつくるにはフォーマットを利用して、自分が思う項目を書き入れます。書き入れた表を関係者で討議して重点を修正します。その表を利害関係のない何人かの人と冷静に検討して最終表を固めます。あまり難しく考えることはありません。

２０１８年1月、５期生が終了し北海道フード塾の修了者が１２７人になりました。経営規模はバラついています。起業してまだ半年、売上は月50万円といった生まれたてから、１００年の歴史をもち、年間売上げ数十億円という老舗企業まであります。年商４０００万円、創業から10年、社員３～４人、あとはパートさんといった食品加工メーカーをイメージしてＳＷＯＴ表をつくってみました。**図表２**です。何も北海道に限ったことではありません。

図表2 北海道のスモールビジネスSWOT分析
―強みをより強くする、弱みを強みに変える―

①強み（Strength）	②弱み（Weakness）
1 経営者としての意思決定が早い 2 固定費が柔軟で分岐点が低い 3 地元の生活文化、食文化に詳しい 4 やる気ひとつで先端技術の採用が容易 5 地元からの信用がしっかりしている	1 消費者・生活者の事実把握が狭い 2 人手不足、労働力不足、自分の抱え込み 3 ファミリー的経営で妥協が多い 4 素材への依存と下請け体質がある 5 後継者育成の余裕と戦略が少ない
③市場の機会（Opportunity）	**④脅威（Threat）**
1 日本離れした自然の力、農業、畜産、漁業、観光 2 絶品開発の潜在力が豊富 3 ネット通販など、先端技術利用による販路余地 4 人心がおおらかで、協働体制が組みやすい 5 実証努力があれば、公的支援が受けやすい	1 商品開発力など、マーケティングが弱い 2 広い大地、物流コストが高い 3 冬のビジネスがない、通年ビジネスづくりが弱い 4 人口流出が大きい、構造対策が見えない 5 補助金体質が強く、自立心が弱い

どの地域の小規模メーカーでもほぼ同じような結果になるのではないのでしょうか。

◆小さい企業の強みと弱み

地元に根差す小規模企業がもつ強みのうち、最大の要素は経営者としての意思決定の早さです。地域ビジネスの特長は、地域の生活文化、特に食文化のことを良く知っているということです。地元の食文化の中にある素晴らしい価値に気づいて強みにすることです。ＩＴやＡＩなど、この数年間のデジタル技術革新の進化には目を見張るものがあります。進化すればするほど、その技術は使いやすくなり価格が安くなり、小規模ビジネスや個人にも利用しやすくなります。これは地域の小さい企業にとって有利な条件です。

弱みもたくさんあります。弱点は開き直ってみれば強さに変わります。自分や自社の商品ばかりに目が行って消費者がもつ大きなニーズに目が行かないという弱みは、その気になって自分の家庭を見直したり友人の家庭を拝見させていただくことによって、強さに変えられます。素材依存や下請け体質は、ひとつの絶品づくりに焦点を絞ることによってひっくり返すことができます。ファミリー的経営による妥協が多いという弱みは、具体的な目的・目標に向かって心を合わせれば強みに変わります。

◆市場の機会と育成

ＳＷＯＴ表における市場の機会は、地域ビジネスにとってはフォローの風です。北海道の場合、日本離れした大自然と、そこで育まれる一次産品の魅力は最高です。他の地域の消費者からは憧れの地です。食にも旅にもそれをフルに活かせば、絶品開発の潜在力はいっぱいです。

人がいない、高齢化が進むなどという事情は全国どこも一緒です。先端技術を活かしたマイネット通販などを工夫すれば販路は無限です。何といっても開道１５０年という若さがもつ「心のおおらかさ」は、仲間とのコラボ関係を組むうえで最大の財産です。

市場の脅威もたくさんありますが、すべて逆手にとれる項目ばかりです。マーケティング力の弱さは、絶品づくりへの絞り込みで逆転できます。物流コストの問題は、地元消費者重視の戦略や絶品力によるコスト吸収で突破できます。人口流出問題は、東京を知った若い人による地元起業化や父の背中を見ての後継創業によって風穴をあけられると思います。

このように良い面と辛い面がありますが、「すべてのコスト負担者は消費者、困ったときには消費者に聞け」という教訓（39頁の**図表5**）を参考にして、小さなことからでもやってみることによって乗り切れます。北海道フード塾は、小さくても自立心のある多数を育てる場です。

6 大人たちはこんなに勉強して仕事をしているのだ

◆稚内高校での講義

２０１６年の12月、稚内高校の商業科でマーケティングの講義をしました。約60人の生徒たちが熱心に聞いてくれました。公立高校の商業科ではマーケティングは必修だそうです。パソコン研修室にはパソコン類がそろっており、放課後なのに女子高校生が楽しそうに学び合っていました。

担当の先生に伺うと、卒業までに自分で決算書をつくれるまでになるそうです。これからのＩＴやＡＩの発達は、地域間の距離格差を吹き飛ばします。稚内にいても全国との商いができ、18歳の女子高生が企業の決算書をつくり、マーケティングプランを立てるような時代が来ていると実感しました。ＩＴやＡＩの技術の進歩のスピードにはすさまじいものを感じます。それを高校では当たり前の技術として教えています。

「卒業して東京に行きなさい。そうすれば稚内の魅力がわかるでしょう。帰ってきて、この土地から世界を相手にした仕事をやってください」と話しました。講義が終わったあと、生徒代表が、「感謝の言葉」を述べてくれました。講義の内容を良く理解した言葉でした。胸いっぱいになりました。

◆これまで成果の報告会

２０１7年7月、これまで4回の塾成果を取りまとめての報告会「フード塾ハート」が札幌で開かれました。１２０人の参加者の中に、約30人の地元の大学生や高校生が招待されていました。熱心に聞いてくれる姿に話しているほうが勉強させられ、感動しました。終わってから学生全員が感想文を寄せてくれました。「大人たちはこんなに勉強をして仕事をしているのだ」という感想が共通していました。

学生の感想文より

・ネットの発達で誰でも全国に自分の商品を売れるようになった。あとは商品力の勝負だと思いました。
・売れる商品をつくるのではなく、買いたくなる商品をつくらなければならない、売り切れごめんも商品力のひとつだと知りました。
・どこにでもある商品で終わらせてはだめだ、絶品をつくり多くの人に感動をもっていただくことが基本だ、と知りました。

若い人への課題は、経営やマーケティングの本質をどう教えるかです。消費者、生活者が求めるものは何か、それをどう提供していけばビジネスが長続きして地元も明るくなるのか、といった本質を若いうちから教えなければなりません。このために大人たちがどんな苦労をしているのかという事実を伝えなければなりません。

北海道フード塾の修了者たちは、自分が卒業した高校に行って、自らの体験からの経営やマーケティングを語って欲しいと思います。そうした大人の姿を見ながら、学校で習った先端知識や技術を活かせば、東京でなくとも、どこにいても世界を相手にしたビジネスができます。ここに地域ビジネスが生きる道があります。

Column コラム

生活者起点、マーケティングは哲学だ：井ノ口 和良

白糠酪恵舎はJR根室本線白糠駅から車で10分にあります。2001年、井ノ口さんは地元の酪農家とチーズコロニーをはじめました。なぜ北海道にはトップレベルの料理チーズがないんだ、が動機でした。

最高のイタリアチーズをつくりたいという思いでイタリアに行って修行しました。日本らしいチーズをつくるにはすべての原材料が国産でなければ駄目だ、と思い至りました。これまで輸入に頼ってきた乳酸菌と凝乳酵素も国産にしようと取り組み、ベニバナの種から酵素を取り出し乳を固めることに成功しました。オール国産が見えてきました。

井ノ口社長は北海道フード塾の第１期生です。塾でマーケティングの見方が変わったといいます。生活者起点のマーケティングは経営哲学の基点だ、と気づいたといいます。「すべてのコスト負担者は消費者だ、解決策は消費者がもっている、しかし解決力は自分にしかない」という塾の講義が響いたのかもしれません。

井ノ口さんの修了論文テーマは、「北海道らしいチーズ“ホッカイドウ”を開発する」でした。北海道らしさとは、北海道の自然の豊かさが感じられる新鮮なミルク感であり、白糠酪恵舎らしさは乳の本質である優しさと強さをもつチーズだ、と明確な規定をしています。素晴らしい。

いいものをつくるために正しくつくる、白糠酪恵舎のお客さまとの約束です。「トウマしらぬか」という絶品が生まれました。オリーブオイルと塩コショウ、バルサミコ酢を少し振りかけて食べるとたまらない。白糠酪恵舎のホームページを見ると、納入先の名前が具体的に出てきます。主たる納入先はイタリアレストランです。それも、各地域を代表する店ばかりです。これらの納入先は、すべて井ノ口さんがコツコツと自分の足で開拓した納入先です。その信頼関係がHPへの店名表示に出ています。井ノ口さんは塾終了後４年目で、２回目の論文を書きました。第２次３ケ年計画の宣言です。

㈱白糠酪恵舎
北海道白糠郡白糠町茶路東１線116番地11
http://rakukeisya.jp/

第2章

マーケティングとはお客さまへのお役立ち競争です

―小さい企業のマーケティング、それは絶品づくり

1 マーケティングとはお客さまへのお役立ち競争のこと

◆どこでも活きるマーケティング

マーケティングという言葉を聞くと、大企業がテレビ広告やイベントを使って大きな商売をする姿を連想しがちですが、それはマーケティングの一部にしかすぎません。マーケティングはどんなビジネスにも通用する経営の原点です。「すべてのコスト負担者は消費者です。困ったときには消費者に聞きなさい。解決策は消費者がもっています。しかし、解決力はあ

なた自身にしかありません」と、NMJではマーケティングの基本を講義します。それが塾訓の基本です。マーケティングはメーカーや流通業者のみに通用する考えではありません。学校にも、病院にも、文化サークルにも、どこにでも通用する考え方と進め方です。学校にも、病院にも、そのコストを負担してくれる利用者（消費者）がいるからです。学校と学校の間には競争があります。病院と病院の間にも競争があるからです。その考え方と進め方は、自治体の活動にさえ当てはまります。

マーケティングとは、消費者がもつ不満や欲求を知り、その解決策を考え出して実践し、「これまでになかった需要をつくり出すお役立ち競争」です。大きな自動車会社でもＩＴ会社でも、その考え方に立って最初の一歩を踏み出した人間がいたからこそ育ったのです。

それぞれの地域で小さな商いをしている人々にこそ、マーケティングが必要です。自分なりの夢をもち、マーケティングの基本を理解して着実に実践すれば、必ずお客さまの心をつかむことになり、しっかりした経営実績を得ることができます。

北海道フード塾はこれを学び、実践し合って、お役立ち競争に打ち勝っていこうという仲間の集まりです。わずかな時間に多くの実績が生まれはじめています。そこで生まれつつある事例を交えながら、地域ビジネスにとってのマーケティングの考え方と進め方を説明していきましょう。

◆欲しいものを自覚しない消費者

いまの日本は、食べるものがなくて餓死するような環境ではありません。多くの人はただ食欲を満たすだけではなく、健康で楽しい食事をしたいと思っています。そのためにスーパーの店頭を見て回ったり、ネットで情報を集めたりして工夫します。それでも自分にぴったりの食卓・食事をつくるのは大変です。そこにさまざまな不満が生まれます。この不満を解決するのがマーケティングです。お客さまへのお役立ち競争です。

消費者は意外に、自分がいま何を食べたいか、今晩の食事は何にしようかを自覚しないものです。冷蔵庫にある残りものを食べたり、店に入ってから決めたりすることが多いのです。ここに着目して、何を食べたいか、どう食べたいかを提案することがマーケティングです。

そのためには、お客さまの見えないニーズやウォンツに気づくことが第一歩です。大きな企業では大がかりなマーケティングリサーチをやりますが、小さい企業ではそんなことはできません。その代わりに、経営者が自分でスーパーの店頭を見たり、家族で話したり、友人との会話の中にヒントを探したりします。

気づいたことを「すぐやってみる」というすばやい行動は、小さな企業の持ち味です。消費者のためと抽象的にいわずに、お客さまを固有名詞で捉え、その不満や満足を実感して行動に移しやすいのも、小さい企業のマーケティングの特色です。

北海道フード塾での会話や討議はこの連続です。この会話や討議の中から、自分への「気づき」がひらめいた人は、すぐに実践に移ります。その中から、次々と「これまでにない商品や売り方」が生まれていきます。

◆夢を描く

マーケティングの第一歩は「夢を描く」ことです。

札幌で漬物ビジネスを継ぐ酒井秀彰さん（第1期生）は、父親が長年やってきたスーパーアイテムとしての漬物を超えて、空港でお土産として買っていただく絶品漬物をつくりたい、この絶品によって硬直化してきた企業に風穴をあけたい、という夢を描きました。父と相談して別会社を立ち上げ、志に合う商品でのマーケティングをはじめました。

北海道伝統の鮭のはさみ漬けを突破口にして、「美味しいだけでなく楽しく洒落（しゃれ）た北海道漬物」を開発しました。千歳空港に販売拠点を手に入れて、じかに売りはじめて3年、立派なブランドに育ち、親会社の企業風土にもプラスの影響を及ぼしています。マーケティングの第一歩は夢を描くことです。

江別市豊幌（とよほろ）で二世帯協働野菜農園をつくった塾卒業生がいます。フード塾3期生の柏村章夫さん（新規就農者）とフード塾4期生の伊藤麻起子さん（既存農家）です。柏村ファミリーと伊藤ファミリーによる共同経営で、アンビシャスファーム（Ambitious Farm㈱）という名の農場を立ち上げました。

札幌から車で約30分という好立地を活かして、四季の野菜を限定栽培して消費者直販「ふたりのマルシェ」をやろうという夢です。共に自分の考えでの修了論文を書きました。それぞれの論文をベースにしてファミリー協働の経営会議をやり、2つのファミリーの経営に関する理解が深まったことと思います。学びを経営戦略に取り入れる、こんな塾の活かし方もあるのです。

いまは柏村さんが代表取締役で、年間60種類以上の野菜をつくり、季節を活かして直売しています。2017年12月にJ-GAP認証農場となりました。

私が住んでいる鎌倉の若宮大路に、「鎌倉市農協連即売所」があります。鎌倉の農家や野菜づくりが趣味の人たちが、毎朝「採れたて」をもってきて即売します。それぞれ量はありませんが、こだわりの説明文が売りです。

レストランのシェフさんたちにとっては、なくてはならない存在になっています。いつの間にか、「鎌倉野菜」というブランドがつくようになりました。この話を柏村社長にしたら、「ぜひ勉強に行きたい」といっていました。

2 世の中の動きを知る

◆先回りして待ち構える

企業は市場を通して収入を得ます。市場はいつの時代でも大きく変化し続けます。それだけに、市場がどう変わるかについては敏感でなければいけません。先回りして待ち構えるぐらいの姿勢がなければ、経営者は務まりません。いまの市場がどう変わりつつあるか、いろいろありますが、マーケティングにかかわる大きな要因は次の3つかと思います

第一は、超高齢化社会の加速と需要の減少です。超高齢化社会と少子化は人口の減少をもたらします。人口の減少は需要を縮小させ、国力の低下につながります。この問題は地域格差に結びついて、すべてのビジネスに深刻な影響をもたらしています。自分の足元にある超高齢化社会を見つめて、自分なりにその対策を工夫しなければなりません。

第二は、超イノベーションです。最近の技術革新には目を見張るものがあります。ＩＴ、ＩｏＴ、ＡＩ、ロボット、ドローン、ついていけないスピードです。10年前、これほどスマホが日常化し、生活を変えるとは多くの人が想像もしませんでした。いまでは最重要な生活必需品になり、流通システムもスマホに左右されています。ガソリン車から電気自動車に主

役が代わる日も遠くないらしいです。流通も激変します。マーケティングチャネルはどう変えなければならないのでしょうか。

第三は、グローバル事情です。ビジネスも日常生活も地球レベルで考えなければいけない時代になっています。中国の大成長と生活水準の上昇は、世界の食需給を一変させています。人口が減少し、内需が縮小する日本の企業は規模の大小を問わず、世界に市場を求める以外に成長の場がなくなりつつあります。世界への進出が進めば、日本の伝統的な取引慣習や働き方も変わらざるを得なくなります。マーケティングも国内だけに目を向けたやり方では通用しなくなります。日本がこれまでに培(つちか)ってきたマーケティング思想や技術を活かしながら、世界でのマーケティングをどう進めるかが当たり前のテーマになりつつあります。グローバル化を進めれば進めるほど、自分自身のことや自分の会社のことを知らなければならなくなります。

◆先端技術を積極的に取り入れる

他にもいろいろな市場変化の問題があります。自分なりに考えてください。マーケティング実務ではこの環境変化と自分との突き合わせ方として、SWOT分析という手法を使います。SWOT分析は、前の章で北海道のスモールビジネスを例にして説明しました。

先端技術の進歩は、商品や道具を小型化し、簡便化し、価格を安くします。この10年間のデジタルカメラや携帯電話の進化を見れば良くわかります。広い広い北海道、中央から遠い北海道、このギャップを埋め消費者との距離を縮めるためには、先端技術をフルに活用しなければなりません。先端技術で武装した個人や小さいビジネスが強くなる時代が来ました。

3 戦略を立てる

(1) 長期・革新・集中・統合がベース

お役立ち競争に勝つ、これがマーケティングです。競争に勝つためには戦略を知らなければなりません。NMJでは、この戦略固めのために、長期性、革新性、集中性、統合性を講義します。

長期性とは、短くても4年先から5年先といった将来を見据えての計画を立てろ、ということです。

革新性とは、過去をベースにして見たとき、今日は何がどう進歩しているかを見定めることです。今日をベースにして明日をつくることです。NMJでは、これをYTT分析という表現で説明します。昨日と今日と明日という意味です。

集中性とは、限られた戦力を分散させずに集中して使うということです。小規模企業の多くでは儲かりそうな仕事には何でも手を出して、少ない戦力をさらに分散するケースが目につきますが、それは間違いです。自分のドメイン、自分の市場、自分の技術、自分の仲間、自分の信用などの資源を分散させずに、ひとつの目的に向けて集中活用しなければ勝てるはずがありません。

統合性とは、製品づくり、価格決定、販路づくり、広告宣伝などのマーケティング活動をバラバラに使うのではなく、目的に向けて統合的に使うことです。そのためには戦略コンセプトが大切になります。

(2) マーケティング戦略の立て方・進め方

では、具体的にマーケティング戦略を固めるにはどうすればいいのでしょうか。

図表3を見てください。マーケティングは市場の分析からはじまります。経験と勘も大切ですが、それだけに頼る経営はマーケティングではありません。まず3C分析という市場整理とSWOT分析をやってください。これによって自社の立ち位置がわかります。

次がマーケティング戦略の構築です。自分が何をやりたいのかを煮詰めきった「戦略コンセプト」が土台になります。そして、ターゲティングとマーケティングミックスです。ターゲティングについては次項で詳しく説明します。ここではマーケティングミックスについて述べます。市場をつくる、売上を上げるには、製品開発、価格設定、販路開発、広告宣伝という4つの活動が必要になります。

この4つの活動を目的に向かって、効果的、効率的に組み合わせようという考え方がマーケティングミックスです。それぞれの頭文字を使って4Pミックスともいわれます。プロダクト、プライス、プレイス、プロモーションという言葉の頭文字です。

この組み合わせ方は無数にあります。思いつきや経験だけで格好の良い組み合わせを描くことは難しくありませんが、実現可能性という点から見ると多くの案は失敗します。そう簡単なことではないのです。

失敗を少なくして成功につながる考え方を「PDCAを回す」といいます。プランをつくる（Plan）、やってみる（Do）、見直す（Check）、本格的にやる（Action）、という4つのステップを重ねるということです。大きな企業は「やってみる」という実践の第一歩でテストマーケティングという体系的な手法を取りますが、小規模企業ではなかなかやれません。

自分のドメインとSWOT分析を武器にして、まず小さなスタートをきり、手応えを得て本格化すべきです。「小さく産んで大きく育てる」ことをおすすめします。自分なりの仮説

図表3 マーケティング戦略の立て方、考え方
—マーケティングは市場の整理分析からはじまる—

1．３Ｃ分析…市場を知る

市場と顧客の分析（Customer）
競合分析（Competitor）
自己分析（Company）

2．SWOT分析…自社の強みと弱みをつかむ

《SWOT分析》
市場と会社の事実の分析・機会の探索

①わが社の強み（Strength）	②わが社の弱み（Weakness）
経営面 商品面	経営面 商品面
③わが社を取り巻く市場の機会（Opportunity）	④わが社を取り巻く市場の脅威（Threat）

3．戦略コンセプト・ターゲットとマーケティングミックス（４Ｐ）

(1) ターゲット…どの市場に的を絞るか？	
(2) 4Pミックス	1）製品戦略（Product）
	2）価格戦略（Price）
	3）チャネル戦略（Place）
	4）コミュニケーション戦略（Promotion）

4．PDCAを回す…実行可能性のチェックが大切

を立ててマーケティングミックスをつくり、やりながら手直しを続けることです。これをやるには、経営者自身がお客さまと商品が出会う接点の現場、言い換えれば消費者にとっての「買い場」の現実をよくつかむことが大切です。

(3) 理念と目的と目標

戦略や戦術をつくるには、企業理念に基づく目的の明確化が必要です。目的・目標は事情によって変わってきますが、理念だけは変わってはいけません。理念が徹底しなければ行動がぶれて信用は育ちません。理念の表現としては、品質第一とか安全主義とか社会貢献とかの言葉が使われることが多いのですが、大切なのは生活者へのお役立ちという視点です。

モノを売るのではなくコトを売れとか、生活シーンに合わせた提案をせよなどといった表現を多く聞くことがあります。生活という言葉の中には、モノづくりや商いや趣味や学びなどが含まれています。単品の売り買いだけを考えるのではなく、生活全体を考えて、生活の豊かさづくりや幸せづくりを考えなければ、理念とか目的といった発想は浮かんできません。

目的とは最終的にどこにたどりつきたいのかというゴールのことです。目標は目的を達成するための目印です。目的と目標がはっきりしないと経営は失敗します。「売上を上げる」などという表現は目的になりません。具体的な新しい需要をつくり、雇用を生み出し、地域所得を上昇させるといった言葉が、目的に似合った表現です。目的は長期であり、目標は短期であるともいわれます。

(4) 戦う市場カテゴリーを決める

自社のことをわかっていただくためには、戦う市場カテゴリーを明確にすることが大切です。調味料製造業をケースにとって説明します。

調味料製造業でも、B to BビジネスなのかB to Cビジネスなのかをはっきりさせることです。調味料でも、マヨネーズなのか醤油なのか香辛料なのかをはっきりさせることです。戦う市場カテゴリーをはっきりさせればさせるほど、商品開発は鮮明になります。

競争相手はどこかが鮮明になり、マーケティングミックスは組みやすくなります。戦う市場が明確になれば、その市場のリーダー企業はどこなのかがわかり、どの企業と戦えばいいのかが明確になります。

戦う市場カテゴリーを決めるということは、明快な商品コンセプトをつくるということと合致しますから、ブランディングもしやすくなります。カテゴリーがはっきりすれば、近視眼的になりがちな商売の仕方に風穴をあける切り口もつくりやすくなります。自社の商品はどんなカテゴリーに属しているのか、どんな商品と一緒に食べられているのかなど、市場カテゴリーを決めるには食卓からの逆算が有効です。

(5) ターゲティング、狙う地域、狙う層、狙うニーズ

マーケティング戦略の具体化で最も大切なのは、「どんなお客さまの、どんなニーズを対象にするのか」という点です。

◆どんな地域を狙うのか

道内の市場を狙うのか、道内といっても道南、道東、道北、道央といった市場に分かれますから、そのどこを狙うのかです。

国内の道外市場を狙うのか、道外といっても首都圏市場なのか関西圏なのかです。海外といっても欧米もあれば東アジアもあります。ターゲットの決定には無数の可能性、選択肢があります。

昔と違って、ネットによっての受発注や宅配便による配達が可能ですから、ターゲット地域の選択にも幅広い選択肢があります。何が何でも人口の多い大消費地を狙うというターゲティングが良いとは限りません。

大消費地での競争は大きな資本によるマーケティングが主役ですから、彼らと戦うにはよ

ほど絞り込んだマーケティングが必要になります。自社がもつ絶品にマッチした買い場接点を選択して、「売ってやる」くらいの強気が必要でしょう。

半面、道内の市場は面積が広く人口が少ないので、特徴のある専門品を売ろうにも市場が小さいという事情を抱えます。地元消費者からの口コミ評判を武器にして大消費地を攻めるテコにする、といったやり方も現実的かと思います。

◆どんな人のどのような心理を狙うのか

ターゲティングに利用する手法として、市場細分化（セグメンテーション）という方法があります。消費者を一律に捉えるのではなく、何かの基準で区分けして捉えようという考え方です。

常識的には人口構成別の細分化と、購買心理や生活心理など心理的な区分で細分化する方法があります。大きな企業の場合には、統計手法を用いて市場をセグメント化し、ターゲットを決めやすくしますが、小規模の企業ではそうもいきません。

しかし、どの町の人口はどれだけだとか、その男女別年齢別の構成はどうだとかといった人口分析的な資料は簡単に手に入りますから、それをもとに対象市場を整理することは可能です。市役所などのデータを活用してみてください。道内のある味噌醤油メーカーに、半径

20キロ以内にある人口５０００人以上の地域セグメントはいくつありますかと尋ねたとき、「計算したことがありませんでした」との答えが返ってきました。

心理的な細分化は、まともにやれば面倒です。愛用者カードなどを利用して購買動機や使用場面を想定し、それを関係者で討議するのが現実的です。同じ客層を狙っていると思われる異業種の小売店に行き、実際に買い物をしながら、どのような客が多く来ているかをじっくり観察するのも現実的なやり方です。

◆現地での味を経験した人を狙う

北海道の美味しさ、秋田の美味しさ、それぞれの地方地域にはそれぞれの美味しさがあります。その美味しさを商品に仕上げて、それぞれの地方地域がもつ美味しさを離れた土地でも味わっていただこうというターゲティングもあります。あるというよりも、これが地域絶品マーケティングの柱といってもいいでしょう。

百貨店イベントの中で特に人気が高いのは「北海道の食フェア」です。北海道フェアの火付け役、内田勝規さんは、「東京の百貨店食フェアに来る人たちの動機は、北海道に行ったときの美味しい体験や楽しい体験を東京にいて味わいたいという疑似願望です」といいます。

これもターゲティングのひとつです。北海道に来てくれた人々のアドレスを整理しておき、地元のイベントや料理の工夫を丁寧にメール案内するようなやり方も、思い出させのマーケティングとして有効です。

(6) ブランディングとマーケティングチャネル

◆ブランドとコモディティ

商品はコモディティ品とブランド品に分けることができます。コモディティとは一般化していて品質の差別化が難しい製品やサービスのことを意味する言葉で、小麦の取引きとか石油の相場とかいった場面で使われます。

マーケティングでは、激しい競争の中で商品価値が同質化し、差別性が無くなった商品を意味することもあります。ビールは大手ブランド間での激しい競争が進み、結果として同質化し、消費者からは「大手ビールなんてどれでもいいよ、安いほうを頼む」といった声も聞かれますが、これなどはブランドのコモディティ化の典型でしょう。

この個性の喪失に嫌気をもつ消費者の中から、「価格は少々高くても個性のあるビールが欲しい」という声も出てきます。最近では、各地でクラフトビールが人気を集めています。これなどは地域絶品にとって目の付けどころです。ブランドについては後の章で詳しく説明します。

◆ブランド価値を伝えるチャネルと価値をつくり出すチャネル

よく販路開拓とか販路紹介といった言葉を聞きますが、マーケティング的には納得できる言葉遣いとは思えません。

販路はつくった製品やできてしまった製品を消費者に向けて流すパイプの意味です。マーケティングチャネルは、ブランドの価値をターゲットにきちんと伝える流通システムのことです。さらにいえば、ブランド価値を増幅してくれる流通システムのことをいいます。

こう見てみると、ブランドはマーケティングチャネルをもたなければ育たない、マーケティングチャネルはブランドがなければ存立しない、という関係にあるということがわかると思います。

マーケティングとはお客さま満足へのお役立ち競争です。自分でつくった商品価値をターゲットである消費者に保証するブランドと、その価値を限りなくターゲットに伝え、これまで以上の新価値づくりをするマーケティングチャネルは、合わせてひとつの役割だと考えてください。

(7) 手軽にやれるマーケティングリサーチ

マーケティングはリサーチから始まり、リサーチに終わるともいわれます。

図表4 自分でできる簡単なリサーチ

1 話題のお店の店頭を見る……異業種の店を見る
2 店員さんや店長さんの経験や工夫を聞く……買わねば失礼
3 自社のこれまでの失敗と成功の見直し……復刻版の価値
4 有名ブランドの裏側を読む……大手にできないことを見抜く
5 通販のカタログをじっくり見る……通販は絞り込んでいる
6 気づきをメモに書き留める……ヒントをすぐ忘れる
7 カフェグループインタビューをやる……真摯に気軽に聞く
8 社内会議や家族会議で詰める……解決力は社内にしかない
9 知り合いのプロに聞く……友だちのプロが大切
10 その他（いろいろ）

リサーチには大きく分けて消費者調査と、流通業など業者調査があります。大切なのは、リサーチを実施する前に「何を調べたいのか」という目的と仮説を明確にしておくことです。マスアンケートリサーチのパーセントから「良いアイディア」が生まれるといったことはめったにありません。

この商品のパッケージデザインを変えたいのでリサーチしようという場合、「この商品のパッケージのこの点が悪そう、こんなデザインにしたいがどうだろうか」という仮説をもっていなければ、消費者から貴重な意見を聞いても活用はできません。

小さな企業ではリサーチに大金をかけられませんから、手軽なやり方でやる必要があります。**図表4**に掲げたようなやり方で、自分自身でやるのが効果的です。大事なのは、知りたいことを質問項目にしてから取りかかることです。調査票の作成といわれますが、これがしっかりしていなければ情報は散漫になって役に立ちません。

次に大事なのは、得たリサーチ結果を仮説に沿って徹底的に討議し、結論を出すことです。これがないリサーチは無意味です。

4　身の丈に合ったマーケティングのための12の教訓

ごく大枠的にマーケティングを整理してきました。「夢をもとう」と述べました。しかし、夢物語ばかりいってもダメです。マーケティングは限りなく経験学ですから、実践しながら自分なりに実証を続けなければなりません。

もちろん、売上管理や収支管理など、経理財務をしっかりしておくことは大前提です。小さな経営であっても、事業分野別の生産性管理は大切です。税理士の先生などと相談して、長期的にぶれない「しくみ」をもって進めてください。どの分野はペイしているのか、どの分野は赤字なのかが一目でわかる経営の形をつくっておかないと、マーケティングを進めることはできません。絶品マーケティングの前提条件です。

身の丈に合ったマーケティングを進めるうえで役立つ「教訓」を12の項目に整理しておきます。参考にしながら自分なりの進め方をつくってください。

図表5 12の教訓

1	すべてのコスト負担者は消費者、困ったときには消費者に聞け
2	考え抜いた理念をもつ、理念に沿った仕事しかしない
3	目的・目標をはっきりもって仕事をすれば8割は成功
4	ドメインを大切にする、生まれと育ちはごまかせない
5	強さをさらに強くする、弱さを強みに変える
6	“らしさ”をもつ、“らしさ”を曲げない
7	なんといっても商品力、絶品は小さな企業でも個人でもつくれる
8	“ありがとう”をいっていただける商品をもつ、それが絶品
9	ぶれない、続ける、信用が育つ
10	モノを売るより、「カタコト」を売る、食べ方、食べごと
11	“ひとりじゃないんだ”、仲間から得る“気づき”と“コラボ”
12	分野別の生産性を見える化する、収支を透明にする

▲アンビシャスファームのとうもろこし畑

Column コラム

マーケティングを見直した：余湖 智

余湖 智さんは、いま70歳です。満州開拓二世です。恵庭（えにわ）の発展とともに事業も成長、いまでは年商2.5億円の中堅農業企業です。調理用トマトを軸に60種の野菜をつくり、生協やスーパーに出荷してきました。

フード塾の１期生です。はじめは少しひいた印象でした。「マーケティングってな～に、役に立つの？」っていう感じでした。開講して間もないころ農場を訪ねました。雪の夕暮れ、ハウスを見せていただき、暖かい食事をいただきました。奥さまと３人で、父上の満州引き揚げの話から北海道入植時の苦労話、いまの経営の話、いろいろ話しました。私も満州引き揚げですから、話が合いました。気心が通いました。すべての経営原点に消費者をおくという考えに共感をいただきました。

これまでのＢtoＢビジネスだけでなく、恵庭という好立地を活かしたＢtoＣの仕事がはじまりました。庭を活用したジンギスカンハウス、いい消費者からの手応えをつかみました。片手間でやってきた商品開発をマーケティング的な開発に変えました。「完熟トマト鍋スープ」という絶品が生まれました。ジンギスカンハウスは60種の野菜を中心にした農産物直販ショップに結びつきました。札幌の調味料メーカー南華園さんとコラボしたミネストローネもいい絶品に育ちました。塾生仲間とのコラボ商品も増えています。土台は調理用トマトです。ぶれていません。

余湖さんは「塾で消費者第一を実感しました、これを軸にじっくりやっていけば良いパートナーが集まってきます。販路は向こうからやってきます」といいます。ＢtoＣビジネスが売上の10％を超えました。利益はそれをはるかに超えます。マーケティングに開眼して５年、すごいですね。いまの課題は後継者づくりです。今年（2018年）の春、余湖さんからメールがきました。「地域特産物マスターに認定されました。トマト鍋スープは台湾への定番輸出品になりました」。すごい。

㈲余湖農園
北海道恵庭市穂栄323番
http://yogonouen.co.jp

第3章

理念と目的をしっかりもつ

――理念をもち、執念で続ければ必ず成功

「マーケティングとは、お客さまへのお役立ち競争です」と述べました。地域の小さな経営では、顔の見えるお客さまへのコツコツしたお役立ちが大切です。

しかし、これを続けることは大変です。よほどの腹構えと執念がなければやれません。腹構えと執念のためには、理念がしっかりしていなければなりません。

この章では、理念と目的・目標について考えてみます。理念とは個人や企業の生き方の根本を表す考えです。これがしっかりしていれば、どんな困難にぶち当たってもぶれることがありません。

1　経営理念とマーケティング理念

◆経営理念

ここでは、経営理念とマーケティング理念について考えてみましょう。

経営理念とは、経営者が自分の経営についてもつ信念のことです。企業経営の根本になる考えです。経営理念ですから、経営者自身の思いが大切になります。経営者自身に、どんな生き方をしたいのか、どのように世の中へのお役立ちをしたいのかといった思いがなければ、実感のある経営理念を表現することはできません。

経営理念がはっきりしていると、経営の中で一貫性が生まれ、じっくりと成果が上がってきます。信用が育ち、従業員の働く意識が高まり、社内は明るくなり、経営全体がイキイキしてきます。結果として利益も上がってきます。実績を積み経営が軌道に乗ったころ、企業には後継者問題が訪れます。どのような人に次の経営をゆだねるのか、これは経営者にとって最大の悩みであり楽しみです。このときに役立つのが経営理念です。

経営理念に共感する人を選ばなければ経営は続きません。経営理念をもち、小さくとも世の中から認められるだけの実績を出し、社内がイキイキとしている企業では人が育ちます。

特に、後継者は社内から育ちます。子供は親の背中を見ながら育つのです。

◆三方よし

経営理念を表現する言葉として広く知られているものに、近江商人の「三方よし」(さんぽう)があります。「売り手よし、買い手よし、世間よし」という短い言葉は、見事にマーケティングを表現した経営理念です。

品質本位、感謝と奉仕、安全第一、社会貢献など、経営理念の表現にはいろいろあります。そこに共通するのはお客さまへのお役立ち、社会へのお役立ちであって、金儲けを企業理念としているようなケースにはお目にかかったことがありません。

かつて若いファンド企業の経営者が、「金を稼いでなぜ悪いのか、金で解決できないことがあるのか」といった傲慢(ごうまん)な発言をして物議をかもしたことがありましたが、その企業は倒れました。

経営理念の存在は企業が困難に陥ったときにこそ力を発揮します。何かの理由で企業が経営危機に陥ったときに、創業時からの企業理念に立ち返り、社員が結束して出直して企業を再建したといった話はたくさんあります。企業が進路選択に迷ったときなどにも大きな役割を果たします。

◆マーケティング理念

経営理念の中にマーケティングが含まれている場合がほとんどです。その中から、特にマーケティングに絞った理念がマーケティング理念です。

塾で教える「すべての負担者は消費者だ、困ったときには消費者に聞け、解決策は消費者がもっている、解決力は自分にしかない」などという表現は、典型的なマーケティング理念です。生活者起点とか消費者志向などという言葉もマーケティング理念の典型です。これがない経営理念は具体性を欠くことになりがちです。

2 目的を明確にする

美しい企業理念をつくっても、それが実践につながらなければ意味がありません。理念に沿って目的・目標を明確にして、その達成のための計画を立て、実行して成果を上げなければなりません。目的を明確にすることは、企業経営に限ったことではなく、国にとっても、自治体にとっても、家族にとっても、自分自身の生き方にとってもいえることです。

しかし、この目的の明確化が難しいのです。目的をはっきりと文書にすることができれば、何ごとも80％は達成したも同然といってもいいでしょう。「オレは医者になりたい」という願望と目的をもって行動すれば、貧しい家庭に育った子供でも医者になれます。「私は俳優になりたい」と目的を決めれば、間違いなく俳優になれます。

数年前、「もしドラ」という言葉が流行(はや)りました。『もし高校野球の女子マネージャーがドラッカーの『マネジメント』を読んだら』という長い題の本です。マーケティングの祖ともいわれるP・ドラッカーが書いた『マネジメント』という本を、いつも一回戦敗退の都立高校野球部の女子マネージャーが読んで、野球部を変革していくためにどうしていけばいいかを考え、実践していくプロセスを小説に置き換えた本です。

女子マネージャーが、「甲子園に行こう」という目的を部員にもちかけます。みんな「そんなことは無理」と尻込みしますが、女子マネージャーは屈せずに次々と手を打ちます。実績を上げるうちに部員の中に自信が生まれ、分担が生まれ、ついに甲子園に行くという青春物語です。マーケティングの本としても勉強になります。この入り口の「甲子園に行こう」が目的です。わかりやすい夢といってもいいでしょう。

マーケティングにおける目的の明確化には、いろいろあります。地場の牛肉を活かし日本一の弁当をつくり地元を元気にしたい、札幌に近い立地を活かし物語のある野菜で新市場をつくりたい、利尻(りしり)の島に最高の昆布蔵と加工所をつくり二等品を一等品に仕上げて絶品昆布をつくりたい、などいくらでもあります。理念に照らして思いつきでなく借り物でなく、自分の目的、自社の目的を鮮明にすることです。

3　目標を設ける、目標を共有する

目的を決めたら実行です。北海道フード塾では、修了論文の締めとして中期3ケ年計画を書き上げなければなりません。理念に沿って目的を決め、目標達成の計画を自分の意志を言葉にして書かなければなりません。

ここで書くのは具体策です。どんな絶品を開発するのか、ライバルブランドとの違いをどこに出すのか、どんなブランドにするのか、いくらの値段で売るのか、どんなチャネルで売るのか、どんなプロモーションで知名度を上げるのか、どんなアフターサービスの仕組みをつくるのか、これらの課題を工程表の形に落とし込んで、3年計画の形にしなくてはなりません。

中期計画ができてからが大変です。商品づくりの第一歩は、コンセプトに沿った試作品づくりです。これでもか、これでもかというくらい多くの試作品をつくり、何回も何回も試食を重ねなければなりません。

どんなブランドにして、どんなパッケージにして、どんな消費者価格にして、どんな流通コストにするか、手抜きは許されません。狙った買い場に持ち込んで、「こんな商品をつくりました、こんな売り方をお願いします」と提案営業をやらなければなりません。買い場でお客さまに買っていただいて、さらに顧客になっていただいて、はじめてゴールです。

この仕事の間に、人の手当や資金繰りから、収支決算までやらなければなりません。これらの仕事には、すべて達成目標がついて回るのです。具体的な仕事になればなるほど壁が多くなります。しかし、一つひとつを丹念に乗り越えなければなりません。

乗り越えるためには、自分ひとりの力ではできません。少人数とはいえ一緒に働いている人たちとの共通目標が大切になります。少ない人数でやっているのであればこそ、いまやっているこの作業はこんな目標達成のためにやっているのだ、という意識の共有が必要になります。くどいほどのコミュニケーションが大切なのが、目標達成の仕事です。

4　ドメインの価値、「らしさ」を大切にする

マーケティングとは、「お客さまへのお役立ち競争だ」といい続けてきました。お役立ち競争を続けるには、理念が不可欠だといってきました。ここに大切なポイントを足します。ドメインの価値ということです。

ドメインとは、自分はどの領域で生きているのか、ということです。生まれたのはどこか、仕事をしているのはどの領域なのか、などの自覚です。「生存領域」と訳されています。自分は道産子（どさんこ）として生まれ、道産子として育ったのであれば、道産子がドメインです。道産子として生まれ、漁業を生業として生活してきたというのなら、「道の漁」がドメインです。

私は、このドメインという言葉を生まれと育ちと表現し、「生まれと育ちはごまかせない」とつないで使っています。

道産子としてのドメインをもつ人は、道産子らしさからは抜け出せません。抜け出す必要もありません。道産子がもつ粘り強さ、どんな環境にも耐えられる逞（たくま）しさ、大自然との共生、素晴らしい生まれと育ちです。この生まれと育ちを活かさない手はありません。

東京の真似をして格好の良いマーケティングをやるよりは、道産子らしいマーケティングをやるほうが世界に通用します。これからのマーケティングでは、この「らしさ」が大切になります。

らしさを自覚するためには、生まれと育ちを見つめなければなりません。日本人として生まれたからには、「日本人らしさ」を大切にしなければなりません。絶品マーケティングで大切なのは、「らしさづくり」です。

5 理念と目的と実行、2つのケース

理念と目的について述べてきました。少し理屈っぽくなったかと思うので、ケースを2つ紹介します。ひとつは、日本らしさのハンバーガーチェーンを成功させているモスフードサービスのケースです。2つ目は、北海道フード塾第3期生、中標津（なかしべつ）の竹下牧場・竹下耕介さんのケースです。

◆モスフードサービス──日本らしさのハンバーガーチェーン

身近にあるハンバーガーチェーン「モスフード」の経営理念と行動指針を紹介します。

モスフードサービスの一店一店は自立した企業ですが、モスフードの旗印のもとに集まり、理念と行動指針と技術を共有しながら未来づくりに協働しているユニークなFVC（フランチャイズ・ボランタリー・チェーン）という組織です。いま全国で1353店舗があります。各加盟店は自立した企業ですから、それぞれが個性をもっています。これを束ねるには確固たる理念が必要になります。

日本らしい美味しさをもったハンバーガーチェーンをつくろう、少し高くても、少しお待

たせしても、すごくおいしいハンバーガーを食べていただこう、そのためにはコストの高い一等立地はやめて三等地か四等地でもいいじゃないかという思いでスタートしたビジネスです。スタートの絶品は「てりやきバーガー」でした。

経営理念は「人間貢献・社会貢献」です。「お客さまや地域社会と深く結びつき、真心を込めたサービスを提供することを通じて社会に貢献しよう」と表現されています。さらに、加盟店や従業者への呼びかけの行動指針として「私たちの理想の姿」を次のように表現しています。「お店全体が善意に満ちあふれ、誰に接しても親切で優しく、明るく朗らかで、キビキビした行動、清潔な店と人柄、そういうお店でありたい、心の安らぎとほのぼのとした温かさを感じていただくために努力しよう」です。

この経営理念と行動指針は、飲食サービス業とか生産者といった違いはあっても、お客さまへのお役立ち競争というマーケティングの本質から見れば、良いお手本になるかと思います。

ちなみに、社名「モス（ＭＯＳ）」の由来は、Mountain（山のように気高く）、Ocean（海のように深く広い心で）、San（太陽のように燃え尽きることのない姿勢をもって）の頭文字から採ったものです。

◆中標津の酪農家

中標津町は人口２万３６９２人、日本最東の拠点都市です。中標津空港から車で15分のところにある開陽台という展望台から眺めると、目の前に北方領土の国後島(くなしり)があります。町の中心地から車で30分、竹下耕介さん（第３期生）が経営する竹下牧場があります。１５０町歩の牧場で３００頭の牛を飼い、牧場経営とともに地域観光に力を入れています。２０１７年10月の雨模様の日、フード塾現地研修先として竹下牧場を訪問しました。塾生やＯＢを交えて10人、竹下さんの丹念な説明のあと、広い牧場と牛舎などの現場で良い勉強をさせていただきました。

経営理念は「農と食を通して地域の未来を創造する」です。竹下さんの名刺には、酪農家・竹下耕介とありました。酪農業ではなく酪農家である理由を質問しました。竹下さんは即座に「農業には哲学が必要です。厳しい環境の中でやっていくには、哲学がなければ務まりません。酪農業である前に酪農家でありたいと思っています」と答えてくれました。

共感しました。流通制度上、酪農家が生産する牛乳は農協への販売が中心となっています。これではいくらこだわりをもって酪農に打ち込んでも付加価値は上がりません。何としても自分の手で競争力のある商品をつくり、利益の上がるビジネスに育てて地域成長につなぎたい、という思いが竹下さんのマーケティングです。

農薬を減らし、有機肥料を中心にした循環型酪農経営の研究開発を続けています。牛舎を牛のホテルに見立てて牛に快適な空間と食事とサービスを提供し、最高品質の牛乳をつくり続けています。話を聞きながら飲ませていただきましたが、東京では経験できない美味しさです。

見学した牛舎にはロボット利用の清掃システムが採用され、まさに牛のホテルといった清潔感でした。一頭一頭の牛はセンサーデバイスで行動が記録管理され、放牧によって牛たちにストレスがかからない気配りが徹底しています。牛たちは自分の判断で牛舎と放牧地を行き来しています。

竹下さんの奥さまは東京の調理専門学校で学んだ調理のプロです。奥さまとの二人三脚で絶品づくりをやっています。いま手がけているのは、竹下牧場の牛乳からつくったチーズをふんだんに使い、ブロッコリー、じゃがいも、オクラ、アサリ、牡蠣、北海シマエビ、鮭節などの地元素材を活かした「凍結ポタージュスープ」のシリーズです。竹下さんは、中標津の町に18人ほどが手軽に泊まれるゲストハウスも造りました。

地元には北根室ランチウェイというフットパスがあります。ランチ（ranch）とは大牧場という意味です。フットパスとはイギリスで発祥した、大牧場を歩き大自然に触れながら美味しい牛乳や食事を楽しむというウォーキングの形だそうです。

竹下さんはこの運動にも力を入れ、自分の牧場にしっかりした見学コースをつくっています。町の中心地にあるゲストハウスや牧場見学コースで味わっていただくポタージュスープを、地域絶品に育て上げたいと思っています。この地の魅力を忘れずに「また来たい」と思ってもらえる仕組みづくりに力を入れるのが竹下さんのマーケティングです。

この地を経験してくださった方々を対象にしたアドレスをベースにして、顔の見えるネット販売にも力を入れたいといっています。これらの活動はすべて経営理念に沿った活動です。日本酪農の脅威であるＴＰＰをどう見ますかと聞くと、竹下さんは胸を張って「大丈夫です」と答えてくれました。

▲竹下牧場　開拓者たちが大切にしたニレの木

Column コラム

148年前の創業、次へのつなぎ：小笠原 敏文

江差は江戸のころからニシンと北前船で栄えた町です。港を望む丘に五勝手屋本舗があります。創業は明治３年、その歴史は148年です。社長の小笠原隆さんは、江差の文化を感じさせてくれる紳士です。

五勝手屋という屋号は地元の地名から採った名前だそうです。創業時から菓子業ですが、昭和15年ごろ、東京の容器業者さんが持ち込んだ筒型容器に歴史ある羊羹を詰めて、いまの絶品になったそうです。昭和30年、それまでヘラで食べていた食べ方を、糸で切って食べる食べ方に変え、その楽しさが商品価値を高めました。いまでは北海道屈指の和菓子ブランドです。

専務の小笠原敏文さんはフード塾第２期生です。江差の歴史と文化に感謝しながら、次の時代をつくろうとする後継創業者です。フード塾の修了論文で、羊羹をもっと美味しい和菓子に育てたい、と書きました。江差の歴史と文化を背景に、「地味に育てる」を心にして次代をつくろうという気概を感じさせる人です。敏文さんが最近つくったのは、和菓子と季節の野菜を合わせた絶品です。月がテーマです。ブランド名は「隠れの月、現の月、宙の月」です。良いお客さまがついてくれるようになりました。

隆社長に、敏文さんに伝えたいことは何ですかと聞きました。熟考の末、「経営は身内に継がせたい、家族経営は文化だと思う、お客さまには絶対に正直であって欲しい、いろいろ新製品はあっても羊羹だけは続けて欲しい」と語ってくれました。淡々とした中に強い意志を感じました。

歴史の地・江差から地域拠点・函館までは約70キロ、車で90分です。敏文さんは、これからは江差と函館を同じ商圏と捉えて、函館を五勝手屋羊羹のマーケティング拠点にしていきたいとと話しています。道南函館を代表する絶品づくり、これが伸び代だと見ています。そのための直営店をつくる、新しい和菓子を開発するなど、マーケティングロマンは広がります。あと３～４年もすれば、素晴らしいバトンタッチの姿が見られると思いました。

㈱五勝手屋本舗
北海道桧山郡江差町字本町38番地
http://www.gokatteya.co.jp/

第4章

絶品マーケティングのすすめ
―ブルーオーシャンでの戦い、絶品がもつ6つの条件

1 北海道の小さな企業が抱える悩みと課題

北海道フード塾に参加している企業の多くは、年商4000万円以下、パートを含めた従業員数は5人以下です。やる気は十分ですが、戦略的経営をやるには少し体力が弱い企業が大部分です。

この体力をどう強くするか、そのための突破口は、「消費者の顔がじかに見えるビジネスに取り組むこと、B to C型の仕事に取り組むこと」です。これは北海道に限ったことではあ

図表6　北海道の小さい企業が抱える悩みと課題

1	相談相手がいない………フード塾仲間ができた
2	冬のビジネスが少ない…チャージの時間と考える
3	物流コストが高い………絶品でコスト吸収をする
4	人手不足、人材不足……まず自分を活かす
5	商品開発力が弱い………仲間とのコラボ
6	消費者情報が乏しい……その気になって探せばたくさんある
7	販路がない………………マイチャネルは育てるものだ
8	資金が少ない……………計画書ができれば金は集まる
9	地元に客がいない………ネット商圏など、発想を変える
10	後継者がいない…………未来を語る、一緒にやる

りません。お手伝いしている秋田県の秋田マーケティング塾でも同じことがいえます。

図表6は塾を通して得た北海道の小さな企業がもつ悩みの項目です。消費者の顔がじかに見えていない、という共通点があります。北海道の大自然がもつ素晴らしい素材に頼ってきたため、商品開発が遅れた結果です。

農業や漁業も季節集中や単品集中による大企業下請け型のビジネスに終始して、一次産品の商品化という考え方が少なかった結果です。特に、冬のビジネスをどうつくるか、これは北海道の小さな企業がもつ最大の命題です。

寒い冬、広い土地、札幌への市場の集中などの事情から、多くの中小企業の仕事ぶりは儲かりそうな仕事は何でも真似する、という形にもなりがちです。やむを得ない事情とは思いますが、これでは力の分散になって長期的な利益は生まれません。飯は食えても儲からない、という結果になります。

どうすればいいのでしょう。小さくてもよいから絶品をつくることです。売上は全体の10％くらいしかなくても、この商品は他所にない商品だ、地元消費者のこんな心を捉えた商品だ、将来はうちの柱になる商品だ、お客さまからいろいろなアドバイスをいただける商品だ、という絶品をひとつつくることです。

また、このひとつに代表されるカテゴリーをつくることです。「どうせ…」といわずにやってみることです。そのためには、お客さまの顔が見えていなければなりません。

道南の厚沢部町に渋田産業という企業があります。社長の渋田博文さんは第1期の塾生です。これまでは道南の風土を活かした舞茸やきくらげの生産をやってきましたが、塾での研修を契機にBtoCの絶品開発に乗り出しました。蝦夷舞茸の炊き込みご飯です。

まず、この商品を絶品に育て上げ、「しぶたの蝦夷舞茸デリカ」という絶品カテゴリーにまでもっていこうというのが渋田さんの目的・目標です。開発がはじまったばかりですから、売上はたいしたことはありません。経営全体の売上のうち5％にも達しませんが、お客さまからの反応も良いし、利益率も良いようです。

この絶品前夜の商品が、渋田さんのビジネスに風穴をあけつつあります。長年やってきた経営を土台にして、お客さまの顔が見える商品づくりを目標にして一歩を踏み出すのが「絶品開発」マーケティングです。

2 絶品とはどんな商品でしょうか

◆絶品の注文は先方からやってくる

絶品とはどんな商品のことをいうのでしょうか。お客さまが、「これに勝る商品はありませんよ」と心から思って買ってくれる商品のことを絶品といいます。「自分がやった以上の努力をしなければ誰もつくれない商品だ」といえる商品を絶品といいます。

昔から、口コミでの噂(うわさ)が知名度を高めるのに大きな役割を果たしてきました。各地の銘産品の名前が全国に広がったのも、この噂がもとにあったからです。この街の噂が、ネットというツールによって爆発的に拡がる時代になりました。小さな市場での、小さいけれどすごい絶品が、あっという間に全国商品になることもあります。

大切なのはそのようなブーム効果に乗るのではなく、「申し訳ありませんが売り切れました。次は1週間先の見込みです」と応じるくらいプライドのある商品でなければ地域絶品とはいえないということです。地域絶品とは、売り手市場の商品だといってもいいでしょう。

絶品には、営業促進は必要ありません。注文は先方からやってきます。大事なのは生活者起

図表7 絶品がもつ6つの条件

・とにかく美味しい、他にない美味しさ
・後味がいい、また食べたい
・自然の甘みがいっぱい、風景が目に浮かぶ
・高すぎない・安っぽくない・得したお値段
・贈りたい・買ってきて欲しい・取り寄せたい
・清潔で・きれいで・買いたくなる

点での頑固さです。

◆絶品がもつ6つの条件

私たちはたくさんのケースを調べて、絶品といえる商品はどんな共通特徴をもっているのかを整理しました。成分や製造方法などの面からではなく、マーケティング面からの整理です。

とにかく美味しい・他にない美味しさ、後味がいい・また食べたい、自然の甘みがいっぱい・風景が目に浮かぶ、高すぎない・安っぽくない・得したお値段、贈りたい・買ってきて欲しい・取り寄せたい、清潔で・きれいで・買いたくなる、の6つの条件です。

後味がいい、これなどは最大の条件ではないでしょうか。地域絶品の場合には、風景が目に浮かぶ、なんていう条件も欠かせない条件かと思います。地方地域で違う四季の風景の中には絶品のヒントがあります。**図表7**を大切にしてください。郷土料理も絶品づくりの宝庫です。

3 ブルーオーシャン戦略と絶品マーケティング

◆レッドオーシャンとブルーオーシャン

多くのスーパーが特売競争で血みどろの戦いをしています。その余波に煽（あお）られて、取引先の卸売業者も生産者も価格条件での商売に振り回されています。

家電などの量販店で商品番号と売価を調べ、その価格をネットで検索し、最も安いところから買うという買い方も当たり前になってきました。量販店のショールーミング化といわれ、その影響で世界的な家電量販業にも倒産に追い込まれるところが出てきています。

このような競争の姿を「レッドオーシャンの戦い」といいます。このような競争分野では、中小企業が資本力のある大企業と正面から戦っても、勝機を得ることはできません。小さな企業はレッドオーシャンではなくて、ブルーオーシャンの分野で戦いをしなければなりません。絶品マーケティングはブルーオーシャン戦略の典型分野です。ブルーオーシャン戦略について考えてみましょう。

どんな市場にも、大手が参入しづらい領域があります。市場が小さくて商売になりにくい領域、製造や販売に手がかかってやれない領域、昔からの製造技術や販売方法にこだわらざるを得ない領域、地域の食文化や慣習に大きく依存する領域など、いろいろあります。

これらの条件を見据えて、「競争に勝つではなく、競争しない」という戦略がブルーオーシャンです。自社の周りを見回すと、このブルーオーシャン発想によってマイペースのビジネスを続けているメーカーや流通業がたくさんあることに気づくはずです。

◆ブルーオーシャンへの道

本書の冒頭で紹介した高知県の馬路村のケースなどは、その典型といっていいでしょう。酢という商品カテゴリーは、60年ぐらい前には大手ブランドがない領域でした。まして「柚子ぽん酢」などは、典型的な家業の分野だったように思います。馬路村農協はこの分野に目をつけて、「馬路村の柚子ポン酢」というカテゴリーをマーケティングしました。競争しない競争です。農家の手絞り技術を活かしての生産体制づくり、チャネルを絞っての流通システム、地元の風景を活かした販促など、体を張ってのマーケティングには執念を感じます。

秋田の「いぶりがっこ」は、全国的に有名な漬物保存食です。秋田大仙市でいぶりがっこをつくる藤井清徳さん（秋田塾第1期生）は、秋田マーケティング塾でヒントを得、チーズを挟んだ「いぶりがっこチーズ」という新しいカテゴリーをつくりました。秋田の和菓子屋の川口雅也さん（秋田塾第1期生）とコラボして、お菓子カテゴリーの商品にしました。酒販専門店と組んで、ビールやウイスキーに合う肴（さかな）としても扱われはじめています。いまでは秋田を代表する絶品に育っています。とても大手が手を出せる分野ではありません。ブルーオーシャン戦略の好例といってもいいでしょう。

ブルーオーシャンをどう進めればいいかについて、北海道フード塾講師のひとり・青島弘幸氏は、その著『ブルー・オーシャン戦略がよ～く分かる本』の中で次のように書いています。ブルーオーシャンへの手がかりが見えると思います。

・目的が同じ代替品を探してその価値を取り入れる
・競合品が売りにしている特徴をじっくり見る
・いまターゲットにしている顧客を見直す
・食べる人、お金を出す人、買いに来る人は誰かを考えてみる
・使用前、使用中、使用後のお困りごとに着目する
・機能型の特徴と感性型の特徴を入れ替えてみる
・この商品が消費者にどうお役立ちしているかを考えてみる

商品を見直しブルーオーシャンへの道が見えてきたら、商品の良し悪しを周りの人に聞いてみることです。多くの人は、ここを改善したらいい、こんな特徴を加えたらいい、などと

価値要素を常識的な目で増やすことをアドバイスしてきます。これはあまり役に立ちません。

ブルーオーシャン戦略では、強い価値をつくるにはこれまでのいろいろな価値のうち余分な価値をカットすることが有効だと指摘します。顧客価値にメリハリをつけるためには、付け加える、増やす、取り除く、減らす、といった方法がありますが、大胆に「取り除く、減らす」に目を向けて考えてみてください。商品はシンプルになり、力強くなると思います。商品から絶品に一歩近づきます。

4 カタコトを提案する

◆欲しいものがない時代

幸いなことに日本人の生活は豊かさそのものです。しかし、モノあふれの中、懸命に考えて、すごい多機能商品をつくってもなかなか売れません。大企業の商品開発室などを見せていただくことがありますが、まったく同じ悩みで苦労しています。

消費者は欲しいモノはほとんどもっています。これまで気づかなかった生活を提案することが求められています。モノ提案からカタコト提案へのマーケティング発想が必要なときになってきました。カタコト提案をやることによって、モノの価値が高まっていきます。

たとえば40歳、2人の子供をもつ札幌のパート主婦です。パート働きに追われ、その中で子供の食事や家事に追われる毎日です。そんな中で、長男の期末テストの終わりを祝っての夜ご飯は、どんな食事風景にしたいでしょうか。

手軽につくれるほうがいい、長男が好きなメニューがいい、食事をつくる時間よりも一緒に楽しく食べる時間を多くしたい、テーブル周りの雰囲気をお祝いらしくしたい、会話がはずむ工夫が欲しい、お母さんはこんなイメージをもって食卓をつくるかもしれません。

そのとき、どのメーカーがどんなに力を込めてつくった商品でも、長男を祝う食卓シーンの一部になってしまうはずです。この絶品があると食卓が楽しくなるという提案が大切です。それが商品の価値につながっていきます。

◆カタコトが提案価値を高める

モノがあまりなかった時代には、モノが圧倒的な力をもちました。しかし、モノあふれのいまではカタコトが大切なのです。祝いゴトとか、記念ゴトとか、生活にはいろいろなコト場面があります。このコト場面づくりのお手伝いをするのがいまのマーケティングです。

さらに、コトにひとつ足さなければなりません。カタです。つくり方、組み合わせ方、食べ方などのカタです。多くの人々はこれを知っているようで自覚していません。モノの価値を高めるためにはカタコト提案が必要だということです。絶品開発においては、カタコトの余地をつけた価値づくりが必要ということです。

先日あるメーカーのウイスキーを買いました。首に「簡単で美味しいハイボールのつくり方」というレシピがぶら下がっていました。そのとおりやったら、驚くほど美味しいハイボールが簡単にできました。あるメーカーの飲料を買いました。ペットボトルに「ジンを少し加え、バジルの葉を一枚入れて飲んでください。素敵なカクテルになります」と書いてありました。暑い夏の日中だけでなく、夜のリキュールとしても楽しめる提案価値です。

このようなカタコト提案価値をもった商品は、スーパーなど小売店に歓迎されます。魅力的な店頭づくりに活用しやすいからです。特に、専門性を売る小売店へのお役立ちに、カタコト提案のある商品づくりは欠かせません。絶品がもつべき大きな条件のひとつです。

5 絶品スコアカードを活かし計画書を書く

◆自分絶品を採点する

同じようなナショナルブランドがスーパーの店頭の多くを占める昨今、田舎の風景から生まれる小さな食材や食べゴトの中にこそ、絶品のタネがあると思います。大事なのはその価値に気づくかどうかということです。

自分が絶品と思っている商品や絶品に育て上げたいと思っている商品に、絶品がもつ6つの条件を当てはめて、その活かし方を考えてみましょう。

図表8の絶品スコアカードを使って、自分が絶品と思っている商品を選んで採点をしてください。自分自身の採点とともに、社内外の関係者4～5人での採点、お客さま10～15人からの採点が必要です。

経営者であるあなた自身は、この商品が6つの条件についてすべて合格と思っているかもしれません。しかし、社内外の関係者がそう思っているかどうかはわかりません。経営者に気遣って、言いたいことも言えないのかもしれません。お客さまはどうでしょうか。お客さまは、不満足なら黙って去っていくだけです。「絶品スコアカード」を使って、自分、関係者、お客さま、の三者の立場から採点をします。

合算した数字の平均点を書き入れます。その採点を線でつないで、グラフにしてみましょう。お客さまのグラフ線が左の側に寄っていて、自分のグラフ線が右の側に寄っていれば、「独りよがり」ということになり大反省です。その反対なら、「自信不足」ということになるでしょう。一つひとつの項目のずれを見ると、この商品のどこに問題があるかが見えてきます。

図表８　絶品スコアカード

採点者＿＿＿＿＿＿＿＿

―この商品についての評価を５点満点で採点してください―

対象商品	（消費者価格）＿＿＿＿＿＿円

	1 全くそう思わない	2 あまりそう思わない	3 どちらともいえない	4 まあそう思う	5 すごくそう思う	平均点
1．とにかく美味しい、ほかにない美味さ	1	2	3	4	5	―
2．あと味がいい、また食べたい	1	2	3	4	5	―
3．自然の甘みがいっぱい、風景が目に浮かぶ	1	2	3	4	5	―
4．高すぎない、安っぽくない、得したお値段	1	2	3	4	5	―
5．贈りたい、買ってきて欲しい、取り寄せたい	1	2	3	4	5	―
6．清潔で、きれいで、買いたくなる	1	2	3	4	5	―

―記入方法・算出方法―

⑴　１．自分自身（責任者１人）２．関係者（従業員、家族など４～５人）３．お客さま（消費者10～15人）

⑵　５点満点で採点する

⑶　関係者とお客さま（消費者）の平均値を右欄に書く

⑷　平均値を線でつなぎグラフ化する

１）お客さま　→　━━　太線

２）関係者　→　══　二重線

３）自分（責任者）　→　---　点線

ご意見欄

◆自分絶品を本格絶品にする

このグラフが解決討議の材料です。討議メンバーをつくり、じっくり時間をかけて、なぜこの項目は三者すべてで点数が悪いのだろうか、なぜこの項目はお客さまの評価は高いのに関係者の評価は低いのだろうか、などクールに煮詰めていくのです。

大切なのは社長とか部長とか、上の立場からの圧力で発言者の声を封じることがないようにすることです。また、「時間がないからこの辺でいいや」などといわないことです。納得できる理由や原因が見つかるまで追い詰めることです。

議論の場で答えが見つからなければ、お手本商品を扱っている買い場に行き、どこかに理由や原因がないかを見つけてくることです。こうやって討議した結果を、こんな絶品をつくりたい、こんな絶品に改善したい、という計画書に書き上げることです。この計画書の書き上げが大切です。

経営者と関係者が一緒に努力して書き上げた計画書は、全員にとっての約束書になります。必ず実行しなければならなくなります。この計画書に従って商品づくりや改善が行われ、ネーミングやパッケージが修正されて一歩前進します。

一歩前進してできた商品を試しに売ってみます。それによってまた修正が生まれます。この積み重ねが自分絶品を本格絶品に育て上げるのです。やってみれば楽しい仕事です。

▲余湖農園の畑

▲ブルーオーシャンを煮つめる

Column コラム

ブルーオーシャンマーケティング：関根 健右

札幌の白石区にあるわらく堂工場に隣接して、直売店“スイートオーケストラ”があります。ネットを見ると、「ひっそりとたたずんでいるお店」とあります。

わらく堂の創業は昭和41年。関根健右社長（第1期生）の父上がつくったスイートポテトが家業で、売り方は量り売りでした。あとを継いだ関根さんがこれをパッケージ菓子に組替え、ブランドにして企業への足がかりをつくりました。手づくり成型とこんがり焼き上げの技術はどこにも負けません。

次に関根さんが手がけたのが「おもっちーず」です。チーズケーキでありながら、餅のような食感です。これまでにない和を活かした洋菓子です。美味しさと一緒に楽しさが伝わってきます。空港でのお土産や、北海道からの贈り物として人気を集める絶品です。

関根さんがフード塾に参加してつくったのが「とまっちーず」です。恵庭で調理用トマトをつくっている余湖農園の余湖さん（第1期生）とのコラボでつくった商品です。少しピリ辛のお菓子でお酒にも合うおつまみスイーツ。ウイスキーをやりながら、冷やした「とまっちーず」をつまみにしました。絶品でした。北海道土産に好適です。

大手が手を出せない分野のスイーツをつくる、北海道の素材を活かしたスイーツをつくる、これが関根さんのマーケティングです。まさにブルーオーシャンです。「スイートポテト」は量販チャネル、「おもっちーず」と「とまっちーず」は限定チャネルというチャネル区分もお見事。ネット通販にも積極的です。今後は得意の冷凍スイーツを、手土産として対応できるギフトパッケージにしたり、次のプランニングを準備しています。

関根さんはフード塾のOB会「E-ZO（蝦夷）」の会長です。コラボ絶品をやろう、顔の見えるネット通販システムを開発しよう、海外展開をやろう、と関根会長のE-ZOにかける思いはふくらみます。できますよ。

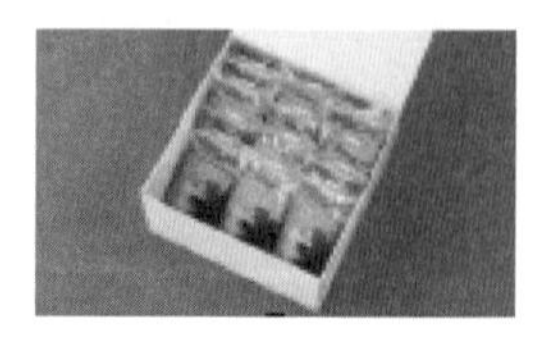

㈱わらく堂
札幌市白石区栄通7丁目6-30
http://www.warakudo.co.jp/

第5章 なんといっても商品力

―グサリ提案が製品を絶品にする

1 製品と商品は違う、マーチャンダイジングのすすめ

◆売れなければ商品ではありません、4Pの総和が商品力

4Pの第一はプロダクトプランニングです。プロダクトとは製品のことですが、マーケティングでは通常、この中にブランドやネーミングやパッケージが含まれます。製品計画というより商品計画というべきでしょう。

製品と商品は違う存在です。商品には、売れてなんぼの価値なのかが問われます。どんな

に優れた製品でも売れなければ商品ではありません。宇宙ロケットのような最高の技術を用いた製品でも、売れなければ「モノ」にすぎません。国宝といわれるような最高の作品も、売れなければ商品ではありません。

売れるためには、購買者が買いたくなる魅力をもっていなければなりません。購買者が買える価格でなければなりません。買った後のトラブルをしっかり保証してくれる仕組みがなければ売れません。ユーザーや消費者が買いやすい買い場がなければ売れません。

このような条件をシンプルに表現するのが、マーケティング戦略を構成する4Pです。製品、価格、チャネル、販売価格の「4つのP」がマッチングした姿が商品力だといってもいいでしょう。

◆商品づくり、マーチャンダイジング

マーチャンダイジングという言葉があります。マーチャンダイジングとは、商品化という意味です。通常、流通業の品揃えや仕入れのこととして使われますが、メーカーにおいてもマーチャンダイジングは大切な仕事です。

モノとしての製品に、消費者の気持ちを捉えたブランドやパッケージやプライスを組み込む姿を、商品化計画といいます。これがマーチャンダイジングです。

セブンイレブンは小売業ですが、自ら商品開発に力を入れています。買い場を自分でつくったうえで、そのカテゴリーのトップメーカーとチームを組んで商品づくりをします。それをチームマーチャンダイジングと呼んでいます。

そこで重視したのが買いやすい価格、買いやすい量目、食べやすいパッケージなどでした。お惣菜カテゴリーで新風を巻き起こしました。これまでブランドがなかったおにぎりやおでん、さらにポテトサラダなどを「セブンプレミアム」というブランドに育てました。

新千歳空港から車で15分。恵庭に手広く野菜農家をやっている余湖智さん（第1期生）がいます。調理用トマトでは道内屈指です。北海道フード塾に参加したあと、コラボ商品開発をはじめました。「完熟トマト鍋スープ」は得意の調理用トマトを活かして絶品に育ちました。いくつもの賞をとっています。同じ1期生の関根健右さんとコラボしてつくった「とまっちーず」も絶品です。「製品を商品にする、商品を絶品にする、なんといっても商品力だ」を地でいっています。仲間マーチャンダイジングと名づけてもいいでしょう。

◆ビジュアルマーチャンダイジングとカタコト提案

モノが満ちあふれているいまの市場では、カタコト提案が大切だと述べました。消費者へのマーケティング提案をするには、単に商品の特徴をアピールするだけでなく、この商品を使っての食べゴトや食べカタの提案をしなければならないと述べました。このカタコト提案も、マーチャンダイジングにおける大切なポイントです。

スーパーなどの小売店が店頭で行う販売促進では、ビジュアルマーチャンダイジングという言葉が使われます。また、実際に買い物をする人のことをショッパーと呼びます。

ショッパーがスーパーの店頭に立ったとき、まずどのブランド商品に目が行くか、その中からどの商品に手が伸びるか、実際にその商品をショッピングカートの中に入れるかを考えたときに大事なのは、見やすい場所に、売りたい商品を、買いたくなる売り方で並べることです。この工夫のことをビジュアルマーチャンダイジングといいます。

小売店が行うこのビジュアルマーチャンダイジングのお手伝いをするのが、メーカーのマーチャンダイジングです。メーカーや卸売業が行うリテールサポートマーケティングの中で大事な活動のひとつです。地域の生産者でもやれるマーケティングです。

2　商品開発の進め方、梅干「おいしく減塩」

P・コトラーは新製品開発のプロセスを次のように整理しています。アイディア創出、アイディアスクリーニング、製品コンセプトの開発とテスト、マーケティング戦略の開発、事

図表9 商品開発の手順

第一のステップ：目的・目標固め
第二のステップ：アイディアと振るい分け
第三のステップ：製品コンセプトつくりと試作品づくり
第四のステップ：マーケティング戦略のイメージ化
第五のステップ：ターゲッティングとブランディング
第六のステップ：限定販売と手応えつかみ
第七のステップ：本格販売

業収益性分析、製品開発、テストマーケティング、事業化の8ステップに分けて、細かく手順を述べています。世界的な大企業における数多くの実例をもとにした体系です。

大がかりにやるか、こじんまりやるかの違いはあっても、この手順は同じです。私たちは地域絶品の実例から検討して、開発の手順を**図表9**の7ステップに整理しました。

この手順を実例的に説明します。長くお付き合いをしている紀州南高梅のメーカー「中田食品」に例をお借りします。中田食品はいくつかの絶品をもっていますが、ここでは5年前に開発した絶品「おいしく減塩」に絞って説明します。

第一のステップ：目的・目標固め

これまでの梅干は健康食品であり、保存食品というカテゴリーでした。味はしょっぱくて酸っぱいでした。近年、高血圧には塩分が悪いと指摘されています。しかし、適度な塩分は美味しさをつくります。通常売られている梅干よりも、さらに塩分が少なくて美味しい梅干を開発しよう、これが目的・目標です。

第二のステップ：アイディアと振るい分け

塩分を減らしながら美味しくするということは、なかなか難しいテーマです。長く絶品の座にある「田舎漬」での経験や、他分野での実例なども参考にしました。この製品「おいしく減塩」は、通常の量販店で求められる減塩ニーズにお応えできる商品として開発しました。

第三のステップ：製品コンセプトづくりと試作品づくり

「美味しくて体にやさしい梅干」というコンセプトに沿って、いくつもの試作品をつくりました。通常の減塩調味梅干は、塩分の調整時に梅のもつ風味が損なわれがちなので、通常製品よりも梅の美味しさを残しながら、さらに減塩した梅干を開発して、減塩ニーズに対応する製品をつくりました。特に苦労したのは、塩化ナトリウムとカリウムの割合をどうするかという点です。試行錯誤で目処（めど）がつきました。

第四のステップ：マーケティング戦略のイメージ化

これでいこうかという商品イメージができると、次は「どう売ろうか」というマーケティング戦略です。そんなとき、日本高血圧学会減塩委員会の「第2回　ＪＨＳ減塩食品アワード」の金賞をとることができました。この賞をマーケティングの柱にしようということになり、パッケージなどでもこの権威をアピールしました。

第五のステップ：マーケティングとブランディング

ターゲットは、血圧に不安を感じているけど美味しい食事がしたいと思っている人々です。業界では外国産の梅干が多いのですが、紀州産南高梅を強調して安心感を出しました。ブランドは、ずばり「おいしく減塩」にしました。コアベネフィットをそのままブランドにしました。

第六のステップ：限定販売と手応えつかみ

ほぼ手応えのある商品が生まれたので、今度は限定販売です。国による健康キャンペーンもあって、スーパーなど量販店の中にもヘルシー食品をコンセプトにした店が出てきました。このような志をもったスーパーへの限定販売をやりました。さまざまな気づきを入手しましたが、最大の気づきは、塩分を４％から３％にしたほうが良いというヒントでした。

第七のステップ：本格販売

スーパーなど量販店でも、このコンセプトが十分に通用するという手応えを得て、いよいよ本格販売です。限定販売でのヒントも活かして、「おいしく減塩はちみつ」「おいしく減塩しそ風味」「おいしく減塩うす塩味」のシリーズにしての本格販売です。古くからの付き合いのある漬物専門問屋から十分な理解を得ての配荷で、実績は好調です。中田食品では、この「おいしく減塩」を今後の絶品に育てようとしています。

◆やった手順を文書化する

中田食品は梅干日本一の会社ですから、ここに掲げた各ステップを体系的に整理する力も豊富です。しかし、北海道や秋田の塾生企業の多くは、それほどの戦力をもっていません。この各ステップでの作業の多くは、経営者を中心として2～3人でやらなければならないでしょう。しかし、やらなければならないのです。ここで大切なのは文書化です。

目的・目標をはっきり書くことからはじめて、各ステップでのポイントを文書にしておくことが貴重な財産になります。あとになって読み返せば、どのステップでの詰めが甘かったのか、どのステップでこうすればよかったのだ、という反省が浮かび上がってきます。

3　商品を絶品にするにはコンセプトが勝負です

◆グサリ提案

どのような商品をつくるときでも、前に掲げた7つのステップは必要です。懸命に努力してつくった商品でも、それが絶品になるとは限りません。商品を絶品に高めるためには、経営者の思いを込めたコンセプトがしっかりしているかどうかが分かれ目です。

しっかりしたコンセプトに沿ってつくった商品のうち、前の章で説明した「絶品がもつ6

つの条件」に当てはめて「いける」と思った商品なら、絶品への道は拓けます。

では、コンセプトとは何でしょうか。簡単にいえば、お客さまへの「グサリ提案」です。少し難しくいえば、作品や商品の全体を貫く思いのことです。

コンセプトは商品開発だけではなく、店づくり、車づくり、街づくり、ホテルづくりなど、「つくる」という世界ではすべてに求められます。絵を描く、デザインを起こす、小説を書くなどの創造の分野で早くから用いられてきた用語です。概念という言葉で表現されることもあります。

コンセプト表現は短い言葉で表現されなければなりません。昔のケースですが、日本に上陸したセブンイレブンは、「あいててよかった」というコンセプトで、店の特徴を一言で表しました。「東急ハンズ」という店名は、店の名前がそのまま手づくりというコンセプトを表しています。グリコ乳業が開発した「プッチンプリン」という名前も、これまでないプリンの食べ方を見事に表しています。

◆コンセプトはお客さまへの約束

このように、コンセプトは店名やブランドをつくるうえでも不可欠な条件です。地域の小さい企業にとって、コンセプトを明確にした商品をつくることができれば、その一言で大きなPR効果を発揮することになります。この一言がぶれない約束になって、マーケティングが円滑になります。

絶品づくりでは「コンセプトが勝負だ」という意味が伝わったでしょうか。気負った商品コンセプトをつくっても名前負けして、ライバルとの違いがないものになり、お客さまを失望させてしまうケースも少なくありません。お客さまの心にグサリと突き刺さるような鋭いコンセプト表現をつくったなら、その約束を徹底的に守らなければなりません。妥協や迎合は許されません。

4 利尻セミナーでの学び、絶品づくりとは付加価値づくり

◆付加価値をつくる

２０１７年10月1日、利尻島で北海道フード塾を活かした勉強会がありました。北海道庁宗谷振興局が主宰する「輝け宗谷セミナー」です。そのお手伝いをしました。

２００年にわたって利尻昆布を取り扱い、利尻の名を世界に轟かせてきた敦賀の昆布商・奥井海生堂の奥井隆さんを引っ張り出しました。奥井さんとは、10年前ほどから付加価値づくりのマーケティングを勉強し合ってきた仲間です。奥井海生堂の歴史は、北前船流通とと

もに歩んだ歴史です。

利尻島は最北の離島であり、昆布漁とウニ漁、それに観光で生きている島です。利尻水道を挟んで礼文(れぶん)島とひとつの地域をつくっています。しかし、地元に付加価値を生み出す事業がありません。事業がありませんから雇用が生まれません。昆布漁、ウニ漁のシーズンが終わると島は寒々としてきます。

この素晴らしい自然資源をもつ利尻・礼文に付加価値を生み出す事業をどう開発すればいいか、これが利尻セミナーのテーマでした。

◆素材の味に優る味はない

奥井さんは、「どんな料理でも素材の味に優る味はありません」と、説きはじめました。

フランスでは、ワインの価値をテロワールという言葉で表現します。フランスのワイン産地がもつ天候や土壌の個性を意味します。それぞれの土地がもつ土壌や天候などの土地柄がその地独特の葡萄を生み出し、その他独特のワインを生み出します。それぞれがブランドになっています。

昆布も同じです。それぞれの土地で採れた昆布を大切に熟成して、最高の時期に出荷して、その価値を熟知した方々に味わっていただくところに絶品価値が生まれるのだと説きました。

この価値の本質を利尻の人々は自覚していないのではないか、と辛口の指摘をしました。昆布と鰹節は大昔から和食の芯であり、神様に供えられる大切な食品なのだから、もっともっとこの大自然が生み出した最高の価値を大切にしようと説きました。

◆流通が価値をつくる、流通加工度を高める

利尻の昆布は、300年以上も昔から北前船に乗って関西にやってきたそうです。奥井海生堂は、この利尻昆布をとても大切に扱います。礼文島の香深浜（かぶかはま）は最高の昆布が競られる浜です。奥井海生堂はどんなに価格が高かろうと、この浜の特等品を競り落とします。競り落とした昆布を敦賀に運びます。

敦賀の本社ビルに隣接して、昆布の蔵があります。蔵は立体蔵で、各フロアにそれぞれの年度の昆布が歴史札を付けて貯蔵されています。私がお伺いしたとき、20年以上前の利尻昆布を見せていただきました。空調設備が完備されたコンクリートづくりの昆布蔵の内部は、分厚い藁（わら）で編んだむしろで覆われています。そこから長い時間熟成された昆布が、用途に沿って商品化されて出荷されていくのです。

永平寺に納めはじめて120年、利尻昆布の奥井海生堂ブランドが育っていきます。お寺さんの料理は地域の食文化の核だと奥井さんは説きます。奥井海生堂の先達（せんだつ）は、この商材と

食文化を、琵琶湖水運を使って京都に運びました。京都の最高の料亭が舌の肥えた関西人を満足させ、利尻の名を高めていきます。

奥井さんはこの「利尻の素材・福井の育て・京都の腕」を武器に、利尻昆布をパリにもって行きました。フランスのトップシェフに昆布だしを提案しました。いまでは、フランス料理にとって昆布だしは欠かせない食材として定着しています。

この実績を奥井さんは東京にもって来ました。安価大量で販売されていた多くの昆布商品とは全く違った最高の昆布の味を手軽に味わっていただこうと、日本橋に直営ショップをつくりました。地域のクオリティストアの中にインショップをつくって、責任あるマーケティングチャネルにしています。

利尻昆布を使った消費者向け商品は奥さまが開発しています。最近のヒット商品は「海生堂のだしパック」という素直なコンセプト絶品です。利尻・礼文の名を高め、流通で大きな付加価値をつけながら利尻昆布を世界の絶品に仕上げている姿に、商人の心意気を感じます。

◆利尻の若者が弟子入り

奥井さんが利尻で講演をするのははじめてのことだそうです。利尻の関係者は、奥井さんを昆布の取引先としてしか見ていなかったのかもしれません。圧倒的な利尻昆布商人なので近寄りがたかったのかもしれません。

しかし、奥井さんの講話を聴き、一緒に浜を歩き、一緒に街を歩くうちに、若い人たちと奥井さんとの距離が縮まり、若者2人から弟子入りのお願いが提案されました。奥井さんは快く「一緒にやりましょう」といってくれました。

奥井さんは、次のようにも説きました。

「昆布は獲れた土地の風の中で貯蔵し、商品化するのが一番いい。利尻に利尻らしい藁蔵をつくり、昆布を大切に扱えば、いま二等品といわれている昆布が一等品に生まれ変わり、観光客が必ず買って帰る絶品に生まれ変わります」というアドバイスです。

2人の弟子は、すぐにでも敦賀に勉強に行くでしょう。10年も経てば、利尻の昆布は、いまを大きく超える付加価値絶品に育っていることと思います。

▲利尻富士と海

▲稚内高校での授業

Column コラム

「王様しいたけ」というブランドマーケティング：福田 将仁

キノコ農家・福田農園は、道南七飯町の郊外にあります。経営者の福田将仁さん（第５期生）は２代目、いま46歳です。父上は徳島の農業研究指導者・高野さんの指導を受け、菌床椎茸づくりに取り組みました。それを受け継いだのが将仁さんです。

菌床農法が七飯の地に合うのか、びっくりするほど大きく、美味しい椎茸が生まれました。これを見た道の流通専門家が、「王様しいたけ」とネーミングしてはどうかとアドバイスしてくれました。それまで主流通だった市場にこだわらず、レストランやホテル、百貨店へのダイレクト販売をチャネルにしました。トップシェフたちの口コミもあって、名前も知られるようになり実績もついてきました。2009年には椎茸のメッカ、九州の品評会で日本一を取りました。

ところがその後、同様の商品が次々と現れ、競争も激しくなり、量販流通への営業に追われるようになってきました。将仁さんは流通へのお願い営業に力を入れましたが、流通からの条件要求に疲れてきました。悪いことにモノづくりへの精力が後回しになってきました。福田さんは、強い商品をつくり、自信のある商売をしないとジリ貧だと気づきました。

塾での勉強を思い起こして、「王様しいたけ」という最高のブランド名とサイズと食感と美味という特長を活かして、製品を商品にしよう、商品を絶品にしようと思い直したようです。菌床椎茸づくりのノウハウと七飯の風土を活かして、椎茸だけではなく、ヒラタケ、ナメコ、タモギ、舞茸、エノキ、すべてのキノコのつくり直しをやろう、「王様ブランド」で勝負のし直しをやろうと、再出発の準備をしています。

このパワフルなブランドをより強くして、絶品マーケティングをやることをすすめます。直販店などを通して、王様キノコならではの料理方法、食卓づくり、贈り物づくり、やるべきことはたくさんあります。

㈲福田農園
北海道亀田郡七飯町鶴野83番地
https://www.k-kinoko.co.jp/

第6章

ブランドがなければ絶品ではない

―ブランドは血統書であり保証書です

ブランドとは血統書のことです。血統書がある馬とない馬とでは、月とスッポンほど値打ちが違います。はじめから血統書づくりと保証書づくりを念頭に置いてつくらなければ、絶品は生まれません。

1 ブランドについての豆知識

前の章で、絶品の条件として6つの項目を挙げました。「他社が真似できない圧倒的な特徴をもつ商品のことを絶品という」と述べました。この条件を備えた商品なら、商いの規模は大きくなくてもいいのです。いや、商いの規模が大きくないからこそ、この6つの条件を備えた商品を売り続けることができるのです。

このような強い力をもった商品には、その特長を表現する名前がついているはずです。贈りたい、買ってきて欲しい、取り寄せたいと思われるほどの絶品についている心のこもった名前がブランドです。

ブランド品のことを有標品といいます。標とは本来、目印のことをいいます。ここでいう有標品とは、商標という目印がついた商品のことです。法的に登録されて、他人が勝手には使えない商標のことを登録商標といいます。自信のある絶品は必ず商標登録を行いましょう。絶品がより強い絶品になります。

有標品のことをマーケティンググッズといいます。裏返せば、ブランドをもたない無標品はマーケティンググッズではないということです。マーケティンググッズについては、その商品をつくり育てる者が販路を決め、価格を決め、売り方を決めます。

ブランドのない無標品は、セリ市場での競り競争のような場で価格が決められます。農産物や海産物の多くは、このような方法で取引きされてきました。精魂込めてつくった野菜がその日の需給次第で価格を決められ、つくった農家や漁師はそれに従うしかないという商いには不満が出るのは当然です。

最近では、農産物でも海産物でも、先端技術を活用して違いのある商品を育て上げ、粒をそろえて箱詰めにし、それに名前をつけて売るというやり方が増えています。農家や漁業者が、自信のある農産物や海産物に自分の名前をつけて小売店にじかに売るというやり方や、自前の直売所で売るという売り方も珍しくなくなりました。

農産物や海産物のブランド化とマーケティングが進みつつあるといえます。農産物や海産物も6つの条件を満たし、絶品マーケティングで付加価値をつくり出す時代になってきたのです。

ブランドはマーケティングの基本になる概念ですから、説明しようとすればかなり難しくなります。でも、知っておいたほうがマーケティング理解に役立ちますから、絶品づくりに関連づけて豆知識を紹介しておきます。

◆ブランドは牛や羊に押す焼き印だった

ブランドという言葉は、もともと放牧して飼っていた牛や羊などの家禽に「自分のもの」ということを示すために押された焼き印の意味でした。北欧でのはじまりだったとされています。他の人が飼っている家禽との識別のための印でした。

この意味が時代とともに拡大されて、工業品にも使われるようになってきたのです。他人の持ち物との識別という意味をベースにしながら、他人の商品と自分の商品との内容的な違いを示すための表現になってきました。

わかりやすい名前、覚えやすい名前、内容が伝わりやすい名前をつけ、それを簡潔なデザインにして表現しやすい印にしたのが今日的なブランドです。そのブランドを核にして広告宣伝が行われ、独自の販路が生まれ、それらが一体化して強いビジネス力になることが実証されてきました。

いまでは、ブランドはマーケティングの核だという理解が当たり前になっています。ビジネスがもつ価値や、商品がもつトータルな価値を簡潔に表現するのがブランドだといっていいでしょう。

◆ブランドとは何か

少し理屈っぽくなりますが、ブランドとは何か、という定義的なことを考えてみましょう。

NMJで長年ご一緒してきた鳥居直隆氏は、ブランドを次のように定義しています。

「ブランドとは、消費者が他社と違う特徴と価値を認め、継続的に購入利用するロイヤルな顧客をもった商品やサービスのことをいう」です。

ブランドについては多くの学者や団体がいろいろな定義をしていますが、私は友人である鳥居さんの定義を支持します。特に、消費者が他社と違う特徴や価値を認めるという点、継続的に買い続けてくれる商品だという点、その商品を心から愛してくれる顧客をもっているという点は、マーケティングの柱になる要素だと思います。

◆有名であるということがブランドの条件ではない

ブランドは思いつきで決められ、安易に捨てられる安っぽい存在ではありません。ブランドは価値の表現ですから、大事にしなければ育ちません。洋の東西を問わず、名のある武家は家紋をもち、家紋に恥じない働きをすることを義務としました。名のある商家は、屋号をもって信用の証にしてきました。そこには、志のある人々が積み重ねた歴史があります。

長い時間と人の努力がブランドを育てます。テレビやSNSなど、猛スピードで情報拡散が進む昨今、有名になることはそれほど難しいことではありません。大きなお金をかけて、大量のマスコミを使えば、たいていの商品は有名になります。しかし、有名になったからといって、ブランドになったとはいえません。

お客さまから、心からの信頼や好感をもたれることと有名とは無関係だからです。ロイヤルな顧客とは、心からの信頼と好意をもってくれるお客さまとの絆のことです。ホンモノのブランドとは、この絆のことだといってもいいでしょう。

この数年、大きな企業でのブランド価値の軽視やブランド価値への無知が目につきます。目の前の企業業績だけに目が行って、先人がつくった巨大なブランド価値を崩壊させていく姿を見ると、大規模化がもたらす保身と有名がもたらす傲慢(ごうまん)を感じます。

◆地域絶品が目指すブランド価値

北海道フード塾や秋田マーケティング塾で学び合っている企業の多くは、地域に生きる小規模企業です。地域に生きる小さな企業が、日本全国や世界を対象にしている大企業のマーケティングをそのまま真似しようといっても無理があります。マーケティングの本質は知りながら、地域生活に合ったマーケティングをやることが大切です。ブランドづくりも同じです。

地域での消費者は顔が見える消費者です。固有名詞はわからなくても、大体どのような人かはわかるのが地域社会です。その地域消費者のうち、自社の商品に好意や愛着をもってくれる人、言い換えれば、ロイヤルな顧客との間で育ってくるブランドが地域絶品ブランドです。そのブランドの価値が噂になり、お取り寄せブランドになるようなケースはたくさんあります。

最近のテレビ番組で多いのは旅番組と料理番組です。最近のネット通販やふるさと納税で人気があるのはふるさと絶品です。地域のロイヤル顧客との間でつくる絶品ブランド、これをもてば知名度や販路は先方からやってきます。

◆ブランドはどんな役に立つのか

では、ブランドはマーケティングにおいてどのように役立つのでしょうか。ブランドのついていない商品に比べて、次のようにいわれています。

安売りされずに売れるから付加価値が高い、関連するシリーズ商品などのイメージも引き上げる、企業全体のイメージが上がり人の採用もやりやすくなる、販促コストを効率化する、ブランド自体が資産価値をもつ、などの効用があるとされています。

しかし、企業がもついくつかのブランドのうち、どれかひとつのブランドが不祥事でも起こせば、その悪いイメージが企業全体に広がってしまうといった怖さもあります。

ブランドマーケティングをはじめたからには、普段から身を引き締めて、トラブルが発生しない企業風土に育て上げ続けなければなりません。身を引き締めること自体がブランドの効用だともいえます。

万が一、不祥事などが起きたときには、その原因を迅速に突き止め、真摯（しんし）な態度で消費者にお詫びをし、以後その過ちを繰り返さない措置を確実に実行しなければなりません。このリカバリーをしっかりやることによって、前よりもブランドの好感度が高まったという事例もたくさんあります。

2　ブランドは出合いの瞬間を左右します

◆真実の瞬間、どの商品を手にとるか

私たちは、生活のすべての場面で出合った出来事について、とっさの判断を繰り返しています。人に出会ったときにも、ＣＭに出合ったときにも、商品に出合ったときにも、とっさの判断をしています。そして、好きか嫌いか、買いたいか買いたくないか、付き合いたいか付き合いたくないか、を決めています。

マーケティングでは、この出合いの瞬間のことを「真実の瞬間」と呼んで、マーケティング活動の中で最も重要な解決課題にします。商品と出合った瞬間に好き嫌いが決まり、買うか買わないかが決まってしまうのですから、全力を傾けて取り組まなければなりません。

ここにブランドづくりの意味があります。どんなブランド名にするのか、どんなデザインにするのか、どんなロゴマークにするのか、どんなパッケージにするのか、どんな価格設定にするのか、これらを判別する場合のカギが「真実の瞬間」です。

ネット通販などが大成長する中で、商品との出合いの場が激増しています。小売店の店頭だけが出合いの場ではありません。飲食店やカフェのメニュー、ネット通販の画面、企業のホームページなど、出合いの場は無数です。それら無数の出合いの場で、一貫性のあるメッセージを伝えるのがブランドの役割です。

◆納得いくまで話し込むプロの活かし方

この「真実の瞬間」を考えたら、思いつきや経験だけでブランドを設定すれば大損だということがわかるはずです。周りの人の意見を聞くことが大切です。そのうえで、それなりのお金をかけてプロを活用することをすすめます。

デザイナーやコピーライターなどのプロは、多数の商品づくりに参加して、数多くの失敗や成功を経験しています。プロを絵や文字や写真の職人としてだけで捉えてはいけません。これらのプロたちはマーケティングを背景にしてプロの活動をしているのですから、敬意を払ってお願いすることが大切です。

どのようなプロに制作を頼むのがいいのでしょうか。私は信頼できる友人からの紹介がいいと思います。どのような分野で、どのような企業の、どのような商品についての商品デザインをやった経歴なのか、その結果どのような成績を上げた人かをよく聞いたうえでの出会いが大切です。

紹介されて出会いがスタートしたなら、どんな思いで商品をつくっているのか、どんなお客さまのどんな心にアピールしたいのか、そのためにどんなブランドを考えているのか、などの商品づくりにかける想いを丹念に語ることが大切です。

プロを活用することにより、自分が自分の商品に抱いている価値づくりへの「曖昧さ」が払拭されていくことにもなります。互いに納得できない場合には、思い切って白紙に戻ることです。曖昧な理解のままでスタートすれば失敗します。

プロを活用する場合には、どのくらいのお金を払えばいいかの判断に迷います。このときも、頼りになる友人から金額の目安を事前に聞いておき、自分の支払える限度で希望額を決めておくべきです。企画の骨格が決まってきたら、自分のほうから心の中にある希望額を示すのがいいと、プロから聞きました。

プロはそれを頭の中に入れてやりがいのあるなしを判断し、引き受けるかどうかを決めるはずです。北海道にも秋田にもプロがいます。プロ利用の金額は想像よりも高くないのが現実です。スタートしたなら信じて任せることがうまくいく秘訣だと、友人のプロがいっていました。

3 ブランドには機能的価値と情緒的価値がある

ブランド名をつけるには無数のやり方があります。これが定番といったやり方はありません。企業の歴史を活かす、経営者の人生哲学を活かす、時代の空気からとる、消費者がもつ不満解決からとる、ライバルブランドとの違いからとる、面白い言葉を探す、外国の言葉を置き換える、など無数です。

大切なのは「思い」です。自分の子供に名前をつけるのと同じです。誰でもこの子にはこんな人間になって欲しいという思いから名前をつけると思います。同様に、この商品にはこんなお客さまの心に応えて欲しいという思いから、商品に名前をつけるのが素直なやり方です。

◆機能的価値と情緒的価値

ブランドには機能的価値と情緒的価値があります。機能的価値とは製品そのものがもつ基本的な価値です。自動車で考えてみると、燃費性がいいとか静粛性がいいとか、加速性がいいといった表現で説明される価値が機能的価値です。食で考えてみると、舌触りがなめらかとか、食べたくなる香りがするとか、お通じに良いといった表現で説明される価値が機能的価値です。

食品で健康に良いという表現するには、取得に時間と金と知見が必要なトクホ（特定保健食品）をとる以外ありませんでしたが、２０１５年に食品表示法が改正されました。これによって、食品の機能的価値の表現方法がかなり自由になりました。北海道庁の中にも、機能性食品に関する相談を受ける組織がありますから、どのような機能表示が許されるのかは、相談しながらブランド戦略を進めるのがいいと思います。

製品自体がもつ「良い悪い」という機能的価値に対して、「好きとか嫌い」といった心理的な価値のことを情緒的価値といいます。誇りとか憧れなどという価値も情緒的価値です。北海道の大自然に抱く憧れなどという表現は、典型的な情緒的価値です。

機能的価値は製品自体がもつ基本的な価値ですから、コアベネフィットとも呼ばれます。これをもたない製品はどうあがいても商品になりません。しかし、機能的価値では科学的な証明とか計数的な特徴説明などが重視されますから比較がしやすく、競争相手の参入が容易になります。その結果、商品は同質的になり、価格競争に陥りやすくなります。

ここでブランド価値を高める役割を発揮するのが、情緒的価値です。デザインとかネーミングとかパッケージングとかが大切になってきます。これからは機能的価値と情緒的価値の相乗効果をどう高めるかが、ブランドマーケティングの課題です。

◆商品表示法の改正、商品表示見直しの機会

機能性価値にとっては食品表示法が大切です。2015年に食品表示法が改正されました。この改正について、北海道フード塾のゲスト講師をお願いしている工藤卓男さんに、次のような寄稿をお願いしました。工藤さんは、豆腐や納豆のトップメーカーである太子食品工業㈱の会長です。実務者から見た留意点です。

「食品表示法の改正（移行期間2020年3月31日まで）の主な変更点は、①加工食品と生鮮食品の区分統一、②製造固有記号ルールの改善（製造所の明記、固有記号の原則廃止）、③表示レイアウトの改善（原材料と添加物の区分明確化）、④アレルゲン表示の明記、⑤栄養成分表示の義務化等です。これらの改正は、消費者の立場からすると、商品の内容が現状よりもわかりやすくなるという点では大いに評価できるものと考えられます。

ただ、これを実施するに当たっては、若干判断が難しいところがあります。たとえば、加工食品と生鮮食品の区分ですが、カット野菜のキャベツの千切りは生鮮食品で、原産地が必要です。しかし、キャベツとニンジンのサラダミックスになると加工食品となり、原料原産地名が必要となります。このように、生鮮食品と加工食品の分類はわかりにくく、一般消費

者の感覚とはかなり異なるといわざるを得ません。

また、2017年9月には、加工食品の原料原産地表示の義務化が施行されました（移行期間2022年3月31日まで）。これについても、実施に当たってはいろいろな課題があります。たとえば、農産物を原材料とする加工食品の場合、季節によって輸入国が変わる、あるいはその年の作柄によって輸入国を変えざるを得ないという場合、その都度包材を新しくするということは現実的にはかなり難しいと思われます。

消費者庁からの指針では、例外措置として「可能性表示」（過去の取扱い実績に基づく表示）や「大括り表示」（「輸入」だけの表示）も認められることになっていますが、消費者の立場から見ると「なにか一貫性がないな」と捉えかねられないリスクがあります。不安な場合には、道の専門機関に問い合わせるのがいいでしょう。」

消費者庁によると、JAS法と食品衛生法と健康増進法という3つの法律のうち、食品表示の部分をひとつにして安全でわかりやすい表示に直したとしています。食の安全は国民にとって最も大切な問題です。これを契機に、自社ブランドの表示を見直すことをおすすめします。

4 企業ブランドと商品ブランド

ブランドには、企業ブランドと商品ブランドという分け方があります。企業ブランドとは、企業がもっているいくつもの商品カテゴリーに共通のブランドをつけるブランディングのことです。総合ブランドとも呼ばれます。商品ブランドとは、性格が異なるカテゴリー別につけるブランディングのことです。個別ブランドとも呼ばれます。

企業ブランドとしてすべての商品に同じブランドをつければ力の分散が少なくなり、知名度を高めるなどの効果があります。しかし、これまでと全く違う商品カテゴリーを発売するような場合には、新しいブランドとして自立させなければなりません。これまで和菓子メーカーとして企業ブランドを展開してきた企業が洋菓子をはじめるとすれば、商品ブランドをつくらなければならないでしょう。

北海道フード塾や秋田マーケティング塾の参加企業でも、このように企業ブランドと商品ブランドを分けてマーケティングを展開している企業が多く見られます。企業全体の規模が大きくない中で、ブランドを広げるということは力の分散になりがちですから、あまりすすめられる戦略とはいえません。商品ブランドの下に企業名や企業ブランドを併記するやり方も、よく使われる方法です。

豊富町は稚内の南に位置する最北の温泉郷豊富温泉と原野と酪農の町です。豊富温泉はアトピーなど皮膚疾患に高い効能があり、「奇跡の湯」とも呼ばれるほどです。利尻サロベツ国立公園につながるサロベツ原野が広がっています。豊富町の良質な牛乳から、北海道サロベツ牛乳がつくられています。

以上は豊富町のホームページからの引用です。草原を動き回る健康な牛の乳からつくるバターには不飽和脂肪酸が多く含まれており、老化防止などの効能があるとされています。

この豊富温泉で川島旅館を経営する松本康宏さん（第2期生）は、この大自然の恵みを活かし、のれんのある旅館を活かして地域絶品づくりに取り組んでいます。各地からくる湯治客を対象にして「豊富温泉川島旅館の湯あがり温泉プリン」を開発し、いまではお取り寄せ商品として定着しています。力強くコクがあるのに爽やかな後味の豊富の牛乳を使ったバターを活かし、「バターフィールド」という商品を開発しました。

２０１６年の秋、川島旅館の朝食で食べた「ご飯に乗せてのバターフィールド」は最高でした。バターフィールドはサロベツの原野をイメージしたブランディングです。しゃれた木箱入り三個セットが３０００円、少し高い価格ですが、首都圏の百貨店や展示会の人気商品になっています。松本さんのブランド戦略はこれからですが、最北の温泉郷と原野と酪農を活かした絶品づくりは間違いなく実ると思います。「豊富温泉川島旅館」が企業ブランド、「湯あがり温泉プリン」と「バターフィールド」が商品ブランドです。

北海道を代表するコンビニ企業「セイコーマート」は、2016年に社名を「セコマ」に変えました。同時に、自社ブランド名も「セコマ」にしました。ストアブランドは「セイコーマート」のままです。このブランド戦略によって、「セコマ」ブランドの商品を同業他社にも販売することができるようになりました。商品ブランドを独立させることで、小売業でありながらメーカーマーケティングの機能をもつことができるようになったわけです。

同社では、おにぎりやお惣菜など店内調理の商品では「ホットシェフ」というブランドをもっています。このブランドは自立した商品ブランドとしても、また自立した店舗名としても使えます。2017年には会社分割を行い、㈱セイコーマートを設立し、店舗運営の業務を担当しています。社名と企業ブランドとストアブランドの役割を明確にして、北海道の特徴を活かしたマーケティングを進めようとする戦略です。

5 価格は決める、価格を守る

絶品づくりは、保証書であり血統書であるブランドがなければはじまりません。ブランドをつけたからには、価値を高め続けなければなりません。価値づくりにあっては、価格が非常に大切です。絶品をつくったからには、消費者にお届けする価格はつくり手自身が決めなければなりません。メーカー希望小売価格です。

価値とは価格と品質の割り算です。品質の中にはサービスも含まれます。提供する品質と消費者が払う価格がマッチしていれば価値は合格です。提供する品質のほうが価格を上回っていれば優等です。逆に、提供する品質が価格より低ければ劣等です。ブランド価値をつくるには、最低でも品質と価格との割り算がマッチしている合格点でなければなりません。

そのためには、商品を安売りしてはだめです。絶品マーケティングでは、ディスカウントを売り物にするような流通業とは取引をしない工夫をしなければなりません。価格を守るには、過剰供給は禁物です。過剰供給は必ず安売りにつながります。絶品価値を守り続けるためには、顔の見えるチャネルでの供給が大切です。売り切れごめんぐらいの需給関係がちょうどいいと思います。

価格を守るということは、いつも決めた価格どおりで売らなければならないというわけではありません。何か明確な理由があって、決めた希望小売価格以下の価格で売ることはあり得ます。自社の直営店で、「地元の小学校の１００周年をお祝いして、限定数量１００個を特別価格で販売します」など、理由がはっきりした売り方は安売りではありません。

▲川島旅館のバターフィールド

▲宇野ファームの乳牛

Column コラム

ブランド再生に苦戦：本間 幹英

月寒あんぱん、創業明治39年です。北海道の過酷な労働を癒す菓子だったと思います。月寒あんぱん本舗を屋号にして、長く家業ブランドとしてやってきました。しかし、流通が大手量販になるにつれて、月寒あんぱんも量販商品になっていきました。売上は上がりますが、その知名度ゆえに特売商品の典型になってきました。これが本間幹英社長の悩みです。

特売商品になると売上げは増える、でも安売りイメージがつく、ギフトなどに使われなくなる、量販の多店舗化にともなって設備増強が求められる、利益率が落ちる、いつの間にか量販の下請けのような体質になっていく、このサイクルが悩みでした。

東京の大学を出て、大手コンサル企業に入社していた本間さんに、「帰ってきて経営を手伝え」の声がかかったのが12年前でした。ブランドイメージの落ちこみに愕然（がくぜん）としたそうです。ブランドの再構築に取りかかりましたが、量販取引に狎（な）れた体質を変えるのは並大抵ではありません。質販マーケティングをやろうにも人がいません。

頑張りやの女性社員（第１期生）やベテランの工場長（第４期生）をフード塾に送り込みました。でも、そう簡単に体質が変わるものではありません。本間さんは自ら百貨店催事などの売り子をやり、直営店に力を入れて消費者を知る努力を続け、体質再生に取り組んでいます。パッケージも変え、入り数も変えました。

その成果が出はじめています。道内での量販イメージに対して、関東など道外では専門ブランドとして扱われています。道外売上の伸びが堅調です。思い切って「寒月」という新ブランドを出しました。新千歳空港のJALファーストクラスラウンジに置いていただきました。良い評判です。本間さんのブランド再構築、一歩一歩実りつつあります。

㈱ほんま
札幌市豊平区月寒東２条３丁目２-１
http://www.e-honma.co.jp/

第7章

マイチャネルをもたねば絶品は育たない

前の章で、「製品と商品は違います」と述べました。ここでは、マーケティングチャネルのことを述べます。

どんなに素晴らしい商品をつくっていても、その価値をお客さまに伝えるチャネルをもたなければマーケティングは進みません。

絶品マーケティングでは、売ろう、売ろう、という販路づくりではなく、価値を伝えるチャネルが大切なのです。

1 販路とチャネルは違う、オープンとクローズ

(1) つくったモノを流すのが販路

◆体力に合った販路開発

地域おこしづくりのセミナーなどに出ると、販路開発という言葉が多く出てきます。みんなが美味しいねといってくれる商品をつくったけれど、売り先がなくて売れません、どこか売り先を紹介してくれませんか、といった相談をよく受けます。

素直な話だなと思いますが、ちょっと違う感じがします。懸命に努力して、こんな人に買ってもらいたい、こんな場面で食べてもらいたいと思ってつくった商品を、誰か扱ってくれる人いませんかといって手当たり次第に声をかけたり名刺集めをしても、うまくいくはずがありません。

北海道フード塾や秋田マーケティング塾で学んでいる人たちの多くは、小規模だけど心のある経営者たちです。生産量も小さく、売上高も少ない人々が大部分です。大きな展示会で大手小売チェーンのバイヤーさんと名刺交換をして取引がはじまり、定番取引になれば大量

の商品を品切れなく届け続けることが必要になります。できなければ取引は終わります。

このような取引には相当額の投資が必要になります。それが可能な体力なのかどうかを見極めて取り組まなければ危険です。体力に合った販路開発を行わなければ、将来に禍根を残すことになりかねません。量販リテールには量産メーカーが向いています。

◆企画提案書を書く力

大手の小売チェーンも厳しい競争をしていますから、なんとかしてライバルと違う商品を探し出して、自店らしい売り場をつくろうとします。

そのときに効果的なのは、地方地域の絶品を発掘して、その地域での食文化と合わせてつくる旬の売り場づくりです。大手の小売チェーンのバイヤーさんたちは、このプランニングをしなければいけないのですが、多忙な毎日に追われて難しいのが実態です。ここに地域の真摯に取り組むメーカーにとっての付け目があります。

「わが社は小さい生産者ですが、この季節の旬の商品をこんな売り方で売ることなら自信があります」といった身の丈に合った提案があれば、バイヤーさんは必ず乗ってきます。この提案をするには、どのチェーン企業が向いているか、どんな商品で特徴のある売り場を提案するのがいいのか、どれだけ売れると思うか、などの企画提案書を書かなければなりません。

小さい生産者が弱いのは、この企画提案書づくりです。その結果、大手の小売チェーンとの取引はお願い営業になり、売れなければ即座にカットということになってしまいます。取引以前の門前払いが大部分ということになります。これが、どこか扱ってくれるところがないでしょうか、という販路開発の実態です。

つくったモノ、できてしまったモノを流すだけの経路が販路なのです。

(2) マーケティングチャネルは価値を伝え、価値をつくる経路

「マーケティングとは、お客さまへのお役立ち競争だ」と述べてきました。

お客さまへのお役立ちの現場は買い場です。お客さまの一人ひとりがどんな商品を欲しいと思っているのか、どんな価格で買いたいと思っているのか、どんな食べ方をしたいと思っているのかという思いを察して、買い場でその答えを出すのがマーケティングチャネルです。

モノが行き渡ったいまの時代、お客さまの多くは自分がいま何が欲しいのだろうかを自覚していません。買い場に行ったり、カタログを見たり、ネットサイトを見たりしながら気づきと出合いを探しています。

これまでになかった価値を提案し、お届けするのがマーケティングの使命ですから、経路

もモノの売り買いだけでなく、価値を伝える経路でなければなりません。さらに、価値をつくる経路でなければなりません。

これがマーケティングチャネルなのです。

(3) カタコト提案をするのがマーケティングチャネル

◆カタとコト

価値を伝える、価値をつくる、どうすればいいのでしょうか。前の章でも述べましたが、カタコトの提案がいいと思います。カタとはつくり方とか、贈り方とかの「方」です。

コトとはモノに対して使われる言葉で、モノが具体的なのに対してコトは抽象的です。「事」という字が当てられます。食べごと、贈りごと、祝いごと、といった生活の場面を意味します。

モノがあふれたいまの時代のマーケティングでは、モノからコトへなどといわれます。抽象的な言葉ですから、いろいろ考えることができます。食べごとといっても朝昼晩の食事もありますし、週末の食事もあり、それぞれ中身が違います。祝いごとといっても子供の誕生日といった身近なコトもあり、古希の祝いといった大がかりなコトもあります。

◆買い場づくりのコトターゲット

このコトが、マーケティングではターゲットになります。ブライダルマーケットとかハロウィンマーケットなどというターゲットは、コトを狙ったマーケティングです。私は、この2つの言葉をつないで「カタコトマーケティング」といっています。

カタコトマーケティングは、小売業の買い場づくりに役立ちます。スーパーや百貨店の売り場づくりはもちろんですが、カタログ通販の紙面づくり、ネット通販の画面などでも、このカタコト提案による気づきパワーが成功と失敗を分けます。

マーケティングチャネルは、単にモノの売り場というだけでなく、商品のカタコト価値を買い場のカタコト価値に結びつける役割を果たさなければならなくなってきました。この役割は、経営者の心をじかに消費者に伝えることができる中小のメーカーにとって有利な役割です。地域密着の関係にある生産者と小売業だからこそできるマーケティングだと思います。

(4) 同質競争になりやすいオープンチャネル

マーケティングチャネルづくりには、「オープン」と「クローズ」の2つがあります。オープンチャネルとは「売れるところならどこででも売る」というチャネルです。クローズドチャネルとは「自分が責任をもてるところでしか売らない」というチャネルです。

流通では、スーパーとか量販店とかネット通販とかのオープン流通が大部分を占めています。特に、必需型の食の多くはオープンチャネルで流通しています。この分野のほとんどの商品は同質ですから、当然のこととして価格競争になります。

マーケティングチャネルは、ブランドと並ぶマーケティング分野であり、企業財産です。財産ならば財産管理をやらなければなりません。規模の大小はありますが、マーケティングチャネルは、自分で自分のブランド価値を管理できるチャネルでなければなりません。結果はクローズドチャネルになると思います。

(5) 4つのチャネル戦略選択

マーケティングチャネル戦略には4つの選択があります。

第一は、エリアを決めて「売れるところにはどこにでも売る」というやり方です。主として、卸売業者と組んで進める場合が多いチャネルです。集約型チャネルともいわれます。売れるところにはどこにでも売るといっても、「自社のブランド品がどのような買い場で売れているか」ということをつかんでおかなければ、マーケティングチャネルとはいえません。丸投げ流通、それはセリ流通です。

第二は、期待する役割を果たしてくれるところとなら納得し合って取引をする、というやり方です。生産者は自分の思いを込めて商品をつくり、ブランドをつけてマーケティングをします。この価値伝達をしっかりやってくれる流通業者なのかどうかを見極めて、納得し合って取引を続けるチャネルです。選択型チャネルともいわれます。

第三は、地域の人口規模や事業所数などの市場条件をベースにして、自社ブランドを扱ってくれる小売接点を思い切って制限するというやり方です。化粧品など嗜好品の分野で多く見られる戦略ですが、強力なブランド力をもち、小売店などの経営をリードできる力がなければ困難です。排他型チャネルともいわれています。

この3つの選択以外に、「自分自身で消費者に売る」というダイレクトチャネルというやり方があります。第四のチャネルといってもいいでしょう。ネットなどの技術革新が急速に進む中、このチャネル戦略が注目されています。直販チャネルともいわれています。

(6) 買い場が見えるチャネルが大切

チャネル戦略のうち、どれかひとつに絞るという必要はありません。ブランド戦略との関係で決めるのが現実的です。

昔からの取引関係をベースにしたAブランドは問屋利用の集約型チャネルで行き、これから育てるBブランドは選択的チャネルや直販のチャネルを使うといった組み合わせも現実的です。このような組み合わせチャネル戦略をとる場合には、それぞれのブランドにはっきりした責任者を置き、AブランドとBブランドが「ごちゃまぜ」にならないような組織体制にすることが大切です。

新潟の朝日酒造は、この戦略を徹底しています。150年も続く伝統ある企業で、「朝日山」という伝統ブランドをもっています。

長いお付き合いのある取引先がたくさんありますから、このブランドは問屋利用の集約型チャネル戦略をとっています。問屋利用といっても、末端の買い場事情が見える仕組みを問屋と協働してやっています。しかし、時代変化の中で日本酒の嗜好も変わってきますから、次のブランドを開発しなければなりません。

約30年前、「久保田」というブランドを開発しました。このブランドは、業界で「久保田チャネル」と呼ばれるほどの徹底した選択型チャネル戦略をとっています。「久保田」の商品価値を十分に知り、価値伝達と価値創造の役割を発揮してくれる小売店に制限してのチャネルです。

体制としては、朝日山チャネルと久保田チャネルを分けて管理する仕組みをつくっています。買い場が見えるチャネルをどうつくるのか、ネット時代にあっても重視しなければならないチャネル戦略のキーポイントです。

2 直販チャネルをもつ、お客さまの顔が見えるチャネル

(1) ダイレクトチャネルのいろいろ

北海道フード塾や秋田マーケティング塾の参加企業は、大半が小さな企業です。大がかりなマーケティングをやる力はありません。しかし、地方地域の食文化を活かして、鋭く温かいマーケティングをやる力では大企業に負けません。この鋭く温かいマーケティングを実践するには、それに合ったマーケティングチャネルをもたなければなりません。

鋭く温かいマーケティングをやるためには、直販チャネルをもつことをすすめます。ダイレクトチャネルともいわれますが、消費者にじかに売るチャネルのことです。このチャネルをもつことによって、生産者はじかにお客さまの声を聴いたり行動を見たりすることができます。その結果を商品改善や販売促進のヒントに利用できます。

ダイレクトチャネルでの販売実績や消費者の生の声を、取引先の小売店や卸売業者に伝えることにより、提案営業の現実感を高めることもできます。これは鋭く温かいマーケティングにとって最大の武器です。この直販チャネルとしては、どのようなタイプがあるのでしょ

図表10 ダイレクトチャネルのタイプ、マイチャネルのいろいろ

1 直営店…工場ショップ
2 通信販売…ネット通販、カタログ通販
3 頒布会…・会員制などの特別販売
4 予約販売…固定顧客からの予約
5 物産展など展示会…百貨店催事などのB to Cフェア
6 デパ地下などインショップ…百貨店や空港などへの出店
7 配置販売…富山の薬屋さんの現代版
8 オフィシャルアンテナショップ…道や県のアンテナショップ
9 移動販売…トラックでの販売、バスでのショップ
10 その他（知恵の出しどころ）

うか。次のようなタイプに整理できます。図表10をみてください。

(2) 直営店と通販と展示会

地域中小規模の生産者がやっているダイレクトチャネルを見ると、直営店と通販と展示会が多いようです。気づくことがあります。この3つのダイレクトチャネルへの取り組み方についてです。目の前の売上げづくりを狙って何となくやっているケースが多いのです。これでは成果は上がりません。目的・目標をしっかりもって、戦略的な取り組みをしなければなりません。

直営店をやるにしても、工場のそばに「ついでに売る売り場」をつくって、工場に来た関係者がついでに買っていくような場を直営店といっているのでは成果は知れています。工場のそばの直営店だからこそ買える鮮度最高の商品があるとか、スーパーでは絶対に聞けない商品

知識があるとか、ここならばこその調理方法や食べ方など、カタコト提案があることが大切です。直営店ならではの役割をはっきりさせなければなりません。

通販にしても同じです。急成長のモール通販に出店して、注文を待つだけではマーケティングチャネルではありません。たとえ500人でも1000人でも、顔の見えるお客さまのアドレスをしっかりと管理して、春夏秋冬のごあいさつ発信を続けながら、「この時期ならではの絶品をお届けします」といった固有名詞のご提案をすれば、反応はモール通販に比べて何倍にもなります。

やり方として、パソコンを使っての顧客管理、メールを使ってのご挨拶など、進んだツールを使いこなせば効果的です。この実績をもったうえでのモール通販の使いこなしなら活きてきます。お客さまの顔が想定できるからです。

展示会にしても同じです。百貨店での北海道フェアや秋田フェア、どのような目的で出店をするのかを見極めなければなりません。フェアでいくら売れた、いくらしか売れなかったという売上志向だけで考えていたのでは大きな損です。

北海道フェアや秋田フェアに来る消費者の多くはご当地ファンだそうです。それならば、単に売上を狙うだけではなく、お客さまの声を聴き、話す機会として考えるのがいいのではありませんか。声を聴く、会話をする中から得られたお名前や住所、メールアドレスは、必ずファンにつながります。

この声を聴く役目、会話をする役目こそ、展示会マーケッターの役目です。経営者自身が接客の場に立って、お客さまの声を聴き、会話をするなど、すばらしい機会です。この積み重ねが大きなチャネル資産になったという実例もたくさんあります。

(3) 頒布会と予約販売と配置販売

頒布会などのダイレクトチャネルは昔からあるやり方です。このチャネル戦略の前提は絶品力です。頒布会は、季節の果物など手に入りにくい絶品食品や絶品陶磁器など、この絶品シリーズでそろえたいといったニーズに合ったチャネルです。規模を大きくせず、お客さまの顔が見えるチャネルとして育てるには好適のチャネルです。

予約販売も身近なダイレクトチャネルです。継続的なチャネルだけでなく、30周年記念とか新製品発表記念など、普段と違うイベント記念セールなどに有効です。これも普段からファンとのコミュニケーションがあればこそできるチャネルです。

配置販売は富山の薬売りが元祖のチャネルです。北海道や秋田の絶品なら、地域商圏に限定しての配置販売など面白いのではないでしょうか。これからの時代は、はじめての超高齢化社会です。高齢者を中心にして、いろいろな形での買い物難民が増えています。知恵を絞ってつくる配置販売チャネルなどは、大きな企業ではやりたくてもやれないチャネルです。

(4) インショップとアンテナショップと移動販売

百貨店、空港ターミナルや駅ビルなど、人の集まる施設へのインショップ出店も手の届くチャネルです。百貨店のデパ地下では全国有名店が目立ちますが、このやり方も変わっていくと思います。どの百貨店のデパ地下にも同じ有名店しかないというのでは同質化です。この百貨店のデパ地下にしかないという出店なら、地域絶品にとってはチャンスです。

高知市の中心地に巨大なイオンモールがあります。隣接してサンシャインという地元スーパーがあり健闘しています。地産地消をマーチャンダイジングのコンセプトにしています。サンシャイン各店の中に「太陽市」という農産品コーナーがあります。30坪ほどの太陽市には一坪ごとに仕切りがあって、一坪一坪に農家の名前がついています。その一坪が農家のインショップです。

販売する野菜はインショップオーナーの自由です。売り方も自由です。置かれている人気商品が品切れになりそうになると、太陽市の管理者がオーナー農家に電話をします。30分か1時間で採れたての商品が届きます。超鮮度の野菜と固有名詞での売り方がファンを集めています。サンシャインでは、このインショップシステムを全店で取り入れています。イオンとの差別化に効果を発揮しています。

全国の自治体は、首都圏などの大消費地にアンテナショップをもっています。目的は地場商品のＰＲと販売です。アンテナショップが誕生したころには、興味、面白さ、懐かしさもあって客が集まったようですが、最近は第二ラウンドです。

ここも同質化の壁にぶち当たっています。ここが地域絶品をもつ生産者にとっては目のつけどころです。地場商品が横並びに並んでいるのが多くのアンテナショップです。その中に「わが社ならではの提案」といった特別ブースを出すような企画営業を持ち込むのも面白いではありませんか。

東京有楽町の「どさんこプラザ」は、このような企画を積極的に取り入れ、アンテナショップ日本一の実績を上げています

移動販売というチャネルも昔からありました。天秤棒の振り分けの中に朝採れの野菜や魚を入れて、大きな声を出しながらの歩き販売「ぼてふり」は、移動販売チャネルの元祖です。

超高齢化社会の中で、買い物難民の問題も深刻さを増してきます。土佐の山村にある私の実家には2日に1回、軽トラに日常品を載せた販売トラックが来ます。一軒一軒の家の軒先まで来てくれます。世間話をしながらの買い物は高齢者たちにとって楽しい時間です。

この分野にすごいマーケティングが現れました。化粧品メーカー「ポーラ」がつくった

ムービングサロンバスです。おしゃれをしたいという気持ちは誰にでもあります。しかし、最近では地方の百貨店や高級専門店の店じまいが続いて、おしゃれをしたくてもおしゃれ用品を買える場所がなくなりつつあります。おしゃれ難民です。

ポーラはここに目をつけました。大型バスを改装しておしゃれ満載のお店にした「動く高級ブティック」は、これまでになかったチャネルです。ホームページを見ると、２０１７年秋に北海道の牧場に行っての販売、サイロのある牧場での高級ブティック、すごい反響だったとありました。

これは食の絶品にも利用できる実例ではないでしょうか。考えてみてください。

3 問屋の役割、問屋との付き合い

卸売専門業の流通は減っていますが、卸売流通機能をもっている企業の数は増えています。小売やサービス業や物流業者が卸売りをやっているのです。決して卸売流通が衰退しているわけではありません。役割が変わりつつあるだけです。

60年ぐらい前までの流通は、規模が小さいメーカーと中小零細な小売業が中心で、その中間にあって集荷分散の役割を果たす卸売業者が主役でした。時代が変わりメーカーが巨大化し、チェーン小売業も巨大化して、メーカーと小売業の直接取引が急成長しました。卸売業者も変わらざるを得なくなりました。

ここにもうひとつ大きな変化が生じつつあります。消費者ニーズの超多様化です。消費者がすさまじい選択力を発揮するようになったことです。その結果、醤油という調味料の中にも、何十何百というブランドが生まれました。マヨネーズというカテゴリーの中にも、何十何百というブランドが生まれました。常温、冷蔵、冷凍などの流通技術が急速に進化して、商品カテゴリーを拡げました。そのうえに世界からの商品が加わっています。もう加工食品分野なんて一言で表現しても、中身は全く伝わらない時代になったのです。

ここに卸売流通の出番があります。膨大に商品があふれる中、どんな品揃えをすれば買い場の特徴を出せるのか、という情報を十分にもったスーパーはそれほど多くはありません。当社のブランドがどのような買い場に似合うのかという情報を、一つひとつの商圏に当てはめてチャネル化できているメーカーはほとんどありません。この情報ギャップを埋めるのが卸売業者の役割になってきました。

売り込みからお届け、お金の回収まで、取引にかかわることは何でも引き受けるのが問屋だったのですが、いまでは消費者情報をベースにして生産者情報と小売り情報を結びつけて、これまでにない商品価値を生み出す役割が問屋です。商品カテゴリー別などの専門問屋が力をもつようになります。

梅干の食べ方を知り、梅干の売り方を知ってメーカーに提案をし、返す刀で小売業に売り方提案をすることができる梅干専門問屋であれば、オンリーワンの卸売業者になれます。地域絶品メーカーも個性のある専門店型スーパーも、このようなマーケティング型卸売業者との出合いを探しています。

急速に総合化巨大化したスーパーチェーンなどでは、消費者情報や商品情報を肌身で知ったプロバイヤーが十分には育っていません。それだけに、強い中間流通業者との出合いが期待されています。小規模だけど絶品をもつ生産者は、地方地域にいるこのようなマーケティング型問屋との出合いを探してください。互いに得手を活かし合って良いチャネルをつくる機会だと思います。

4 お客さまの顔が見えるチャネルがマイチャネル

絶品マーケティングチャネルのことを述べてきました。消費者にじかに接することができるチャネルについても、いくつかの形を示してきました。これらのダイレクトチャネルは典型的なマイチャネルです。

では、卸経由のチャネルや大手量販スーパーなどとの取引はマイチャネルといえないのでしょうか。そう考える必要はありません。マイチャネルとは、お客さまの顔が見える、買い物を魅力的にすることができるチャネルだと考えるのが良いと思います。

大手量販スーパーも成熟化した消費者を対象にして、違いのある商品、価格競争にならない商品を探しています。違いのある商品、価格競争にならない商品、店の個性を出せる商品の多くは地域絶品です。

大量生産や大量広告はできない中小規模の生産者がつくっている商品ですから、巨大チェーンはこの商品を全国一律販売することはできません。そのような商品が期待されているのです。この地域のこの絶品を出して欲しいといった要望が大手量販店からもくる時代です。

私の家の近くに有名コンビニがあります。3年ほど前、その店頭に、先に紹介した土佐の馬路村のポン酢が並びました。もともと地域の柚子を原料にするため量産がきかず、クローズドなチャネル戦略をとらざるをえない馬路村のポン酢が、なぜこのコンビニにあるのかと思って、チェーン本部に行って話を聞くことにしました。

古くからお付き合いの役員さんに会い、担当のバイヤーさんに引き合わせていただきました。その店で、馬路村のポン酢が先月何本売れたのかが即座にわかるシステムの現実にびっくりしましたが、次のように話してくれました。

「うちではどの店にも共通に置く商品が主力ですが、店の個性を出すために、フランチャイジーのオーナーさんが責任をもって売ると約束してくれた商品なら取り扱いができる仕組みになっています」という話でした。

コンビニ企業との取引チャネルというより、店のオーナーとのチャネルになったということです。消費者ニーズの多様化が進む中で、コンビニ間競争も激しくなっています。違いを出すにはオーナーにマーチャンダイジングを頼み、オーナーのルーツや知り合いを活かした品揃えをするのもコンビニのマーケティングになってきたのです。馬路村にとってはこれもマイチャネルといってもいいのではないでしょうか。

問屋協働マイチャネルもあります。問屋から小売業や小売接点が求める情報や取引条件を教えてもらったうえで、営業の実務をやるのはメーカー自身の仕事だという役割分担の取引関係です。

売りたい商品の特徴や、これまでの販売実績などをコンパクトな提案書にしての取引開始営業は、メーカーが自分でやるべき仕事です。その結果、取引が決まったあとのフォローは問屋の役割です。契約した店頭への配荷、割り付け、欠品のない物流、代金回収などの機能は、卸売業者のきめ細かい仕事です。

このように卸売業者の機能を使って、取扱店の一店一店の店頭情報を確実に入手し、いつも魅力的な店頭関係を保ち続けるのが、これからの生産者と卸売業者のあり方です。このようにしてつくり上げられたチャネルは、立派なマイチャネルです。

5 マイネット通販をもつ

◆ネット通販のベネフィット

消費者にとって、ネットと通販にはどんなベネフィットがあるのでしょうか。

スマホやPCによってどこからでも注文できる、指定した場所に1～2日で届けてくれる、支払いはカードで簡単にできる、価格を比較して安いところを選べばいい、いやなら返品すればいい、ほとんどの生活用品はそろっている、こんなに役に立つチャネルはありません。爆発的に成長をするのは当然です。

◆じっくり比較しての注文、これがネット通販の特徴

リアル店舗での買い物では、店頭で商品を選ぶのにそれほど時間はかけられません。ほとんど1～2秒の時間で買う商品が決まります。この時間を「真実の瞬間」と呼ぶということ

は前に述べました。しかし、通販の場合は自分のペースでじっくり比較ができます。

特に、ネット通販の場合はいくつもの通販サイトを飛び回って、似合う商品を探し、安い商品を探すことができます。それだけ一つひとつの商品は消費者による比較の目にさらされているわけですから、よほどしっかりした特徴がなければ売れません。

◆総合通販と専門通販、さらに単品通販というビジネスモデル

通販の歴史は100年以上にもなります。アメリカのシアーズカタログ通販などは、あの広大な大地での買い物に不可欠な流通として、長年、流通の王者として君臨してきました。巨大な総合通販です。

しかし、消費者が個性欲求をもつに従って、通販は総合から専門に移ってきました。取り扱う商品を絞り込み、その分野についての情報力を深めていかなければ、消費者のじっくり比較に耐えられないというわけです。

これがさらに進んで、単品通販という仕組みも一般化してきました。これまでの商品にない強力なコンセプトを訴え、ベネフィットを訴える通販です。ハンディ掃除機などはこの売り方で市場をつくりました。明太子やゆずぽん酢、にんにく、青汁など、これまでブランドがなかったカテゴリーで強いブランドが育ったのも、このチャネルのおかげです。

最近では、テレビの深夜番組などで、「この商品をいまから30分以内に注文いただければ、50％割引のうえにおまけがこれだけつきます」といったきわどい訴えを目にすることがあります。これも単品通販です。成功の前提は、強力な商品ベネフィットとコンセプトと信用です。

◆マイネット通販をもとう

モール通販などの販路では、お客さまの顔が見えません。「お客さまの顔が見えない販路はマーケティングチャネルではない」と述べました。ネット通販でも同じです。小規模でもお客さまの顔が見えるネット通販、マイネット通販をもってください。

一番大切なのは、ハウスリストづくりです。直売店への来店客や催事での出会い客、友人知人からの紹介客などからコツコツと積み重ねた顧客リストがハウスリストです。先に掲げた明太子やにんにく、青汁の通販ビジネスも、みんなこのコツコツ積み上げによるハウスリストづくりをベースにしています。このハウスリストによってお客さまの購買履歴がわかり、好みがわかってくれれば、提案の仕方がはっきりしてきます。これをダイレクトマーケティングといいます。

次に取り組まなければならないのは、受発注の仕組みづくりです。フルフィルメントといいます。この仕組みづくりには標準化されたソフトがたくさん出てきています。価格も高くはありません。先端のＩＴ技術などを利用することが仕組みづくりのポイントです。これまでのリアルチャネルとの相乗効果も大切ですが、マイネット通販ならそれが可能です。

◆戦略をもっての取り組みが大切

ネット通販に成功するか否かの分かれ目は、経営者自身がネット通販を戦略的に捉えて取り組むかどうかです。特に、マーケティング戦略が大切です。どんなお客さまのどんな欲求をターゲットにするか、どんなベネフィットの商品で一貫するか、ライバルとの差別性をどこに出すかなどです。

同時に、投資の覚悟が大切です。ネット通販は参入しやすいビジネスモデルですが、安易にやればすぐ失敗します。社内の担当責任者づくりに投資すべきです。ネットに向いた商品開発に投資すべきです。フルフィルメントに投資すべきです。これらの投資をどう回収するか、この目論見をしっかり描いてからの参入でなければ失敗します。やってみれば意外に簡単に手応えを得るのも、ネット通販の特徴です。

ネットに向かない商品はないともいわれますが、それでも向き不向きはあります。マイネット通販に向いている商品を考えてみます。消費者、生活者の立場に立って商品価値を考えることが特に重要です。歴史や由来を物語にできる商品が向いています。地域特産品など、普段手に入りにくい商品が向いています。シーズン品など、ここでしか買えない商品、いましか買えない商品が向いています。「この人がつくった作品です」など、人間関係で信用を生み出しやすい商品が向いています。

同業だけでなく、他業種でのマイネット通販への取り組み方をじっくり研究することをおすすめします。これまでにない着想に出合えると思います。

▲江差でのグループ討議

Column コラム

後継創業、新商品と新チャネル：酒井 秀彰

北日本フード㈱は、年商40億円を越える北海道随一の漬物メーカーです。国産材料にこだわってつくった「極上スーパーキムチ」は、道内トップの量販ブランドです。酒井信男会長が体当たりで築き上げてきた企業です。

例外でなく、当社も量販流通の厳しさにさらされています。後継者の酒井秀彰さん（第１期生）は、何とか量販商品とは違う漬物を開発したい、と志しました。創業の父と相談して、別会社「北彩庵」を立ち上げたのが３年前です。秀彰さんがやったことは後継創業です。

これまでにない漬物をつくりたい、この思いでたどりついたのがお土産漬物でした。北海道では、まだこのカテゴリーがありませんでした。

北海道を代表する漬物、白菜の鮭かさね漬けを「MILSALMON（ミルサーモン)」のブランドで発売しました。

プロに頼んでしゃれたデザインにし、価格は思いきって高めにしました。通常、@780円の慣習価格に@1080円をつけました。良い機会に出合って、JA道東の新千歳空港の漬物売店に入ることができました。北海道らしいお土産として人気が出てきました。

次いで「北の技にしん漬け」を開発して、ラインをそろえました。いまでは、北のお漬物「HOKU-SAI-AN」という専門コーナーを埋めるだけの商品群に育ちました。

お土産漬物というカテゴリーへの着眼、北海道伝統の鮭はさみ漬けへの着眼、量販と対極にある非価格チャネルへの着眼、マイチャネル品揃えからくるラインの充実、すばらしい後継創業です。スタート時に年商１千万円程度だったビジネスが４年足らずで１億円を越え、利益もしっかり取れるようになったと胸を張っていました。

「京都の漬物を勉強しに行ってきました」と連絡がありました。

北彩庵
札幌市西区八軒10条西９丁目１-45
http://www.kitanihon@excellent-g.jp/

第8章

流通業のマーケティングを知る

―お客さまへのお役立ち競争の現場

メーカーのマーケティングチャネルの多くは、卸小売業など流通機構の中から選んでいます。卸小売業がどんなマーケティングをやっているのかを知らなければ、選ぼうにも選べません。ここでは、卸小売業など流通業のマーケティングについて述べます。

大切なのは、「小売業者は地域生活者にとっての買い物代行ビジネスであり、卸売業は小売店の品揃えなどをサポートするビジネスだ」という理解です。

1　小売と卸と生産者、その垣根がなくなった

◆スーパーの登場・流通革命

60年ぐらい前までは小売りは小売、卸売りは卸、生産は生産者と、その役割ははっきりしていました。生産者は単品大量生産をする仕事、卸売業は多くの生産者がつくる多品種の商品を集めて小売店の店頭に小分けする仕事でした。食について考えてみると、どの町に行っても小さな家業小売店があり、そのような店が寄り集まった商店街がありました。大ヒットした映画「ALWAYS 三丁目の夕日」の世界です。

メーカーの多くも家業的で中小企業でした。それだけに、小さいメーカーがつくる商品を集めて、多数の小さな小売店に届けて回る卸売業者の集荷分散機能が大切だったのです。しかし60年ほど前、スーパーマーケットという小売業態が登場して以後、この関係が変わりはじめました。

セルフサービスという買い方が普及しました。同じようなスーパーマーケットをたくさんつくって、本部がこれを管理するチェーンオペレーションという仕組みが導入され、流通は急速に変わりました。それに先行して、メーカーは大量生産と大量販売を内容としたマス

マーケティングを推進しました。この2つの勢力が結びつきました。

長い間、小さな生産者と小さな小売店の間に立って、それぞれをサポートしてきた卸売業の役割は小さくなり、地盤沈下していきました。この一連の変化は「流通革命」と呼ばれました。生産者、卸売業者、小売業者という垣根がなくなり、新しいビジネスが生まれ、新旧交代が進みました。革新者のほとんどはアメリカ流通の模倣でした。しかし、模倣をベースにしてそれを日本的に組み直し、それらを輸出するのは日本企業の得意技です。

◆主役の交替・アメリカ模倣の明暗

流通でもそれが見られました。その先鋒はダイエーでした。中内㓛さんはあっという間に三越の売上高を抜く企業をつくりましたが、あっという間に倒れました。スーパーマーケットとチェーンオペレーションを組み合わせて家業小売業を巨大小売業にすることはできましたが、日本の消費者の心をつかむこと、日本人の生活スタイルを読むこと、日本に合ったマネジメントをつくることに失敗したのでしょう。

ダイエー以後にもさまざまな大規模小売業が登場しましたが、その多くは倒れるか撤退するかという状況に追い込まれました。流通外資の多くも同じ轍を踏みました。長い伝統をもった百貨店も減りつつあります。いまでは、その戦いに生き残った少数の大企業が大きなシェアを占めるようになっています。その生き残った大規模流通業も苦しんでいます。

2017年度、流通大手A社の売上高の4割近くを占める総合スーパー分野は、売上高3・1兆円に対して経常利益はわずか24億円です。このままで行くはずがありません。消費は同質から価値の方向に向かっています。この「価値」をつくれない流通は生き残れません。流通は今後どんな姿になるのでしょうか。それを読んでのマーケティングでなければ、投資はできません。

2 コンビニやSPAの元気、これからの元気者は誰か

(1) コンビニの元気、ラストワンマイル

流通大競争の中で、登場以来元気を続けているのはコンビニです。コンビニの元祖は、アメリカのフェニックスのサウスランドという「氷屋」さんです。この企業が「セブンイレブン」という店名で各地に店を拡げました。その出店特徴は、地域の大規模店舗のすぐそばやフリーウェイ沿いなどです。脇役店です。

大規模スーパーで、買い物に1時間もかかりレジで20分も待たされるくらいなら、少々値

段は高くてもさっとお店に入り１～２分で欲しいものだけを買えればいい、朝７時から夜11時までは必ず開いている「便利さ」、という消費者価値に目をつけて成長したのが、アメリカの「セブンイレブン」でした。

そのサウスランドと提携したのがイトーヨーカ堂でした。日本人の生活は近隣生活です。小売店の商圏も歩いて行ける範囲という近さです。また、日本の食生活は「生モノ主義」です。日本のセブンイレブンはこれに目をつけて、半径３００メートルとか５００メートルという商圏を対象として、日本らしいコンビニを開発しました。

それまでの商店が自分都合で休日や営業時間を決めていたことに気がついて、休日や営業時間の約束厳守をしたことが地域の消費生活者の心を捉えました。「あいててよかった」、このCMぐらいお客さまの心をつかんだコンセプトはないと思います。

セブンイレブンの成功に誘発されて、多くの大規模流通業がコンビニに参入して「店の形」をつくりましたが、成功する企業はわずかでした。店の形は模倣できても、その一店一店の力を強く引き出せる仕組みづくりが難しかったからです。

日本のセブンイレブンは、ナショナルブランド（ＮＢ）中心の日常品の品揃えだけではなく、これまでブランド品がなかった商品分野、たとえば「おにぎり」や「おでん」に目をつけて商品開発をしました。チームマーチャンダイジングという日本らしい仕組みをつくりました。

コンビニという業態店は、いまでは全国に5万5000店以上を数え、日本人の生活にとってはなくてはならない存在になっています。アメリカのセブンイレブンを買収した7&iホールディングスにとって、「日本のセブンイレブン」は宝の山です。

北海道には、北海道らしさをコンセプトにするコンビニ「セイコーマート」があります。セイコーマートは北海道の生活者を対象にし、寒い冬をどう過ごすかを課題にし、北海道の鮮度をどう近隣生活者に届け続けるかを戦略の中心に置いて、全道展開をしています。

前の章でも紹介しましたが、ホットシェフという北海道食材を活かした店内調理のマーチャンダイジングが特徴です。人が少ない小さな町にも店を出して、それを支える全道物流システムをもっています。地方のコンビニ企業の戦略として注目されています。

このコンビニ業界にも強敵が現れています。ドラッグストアとネット通販です。

これからどんな戦いになるのでしょうか。

(2) SPAの元気

自分で考えて、自分でつくって、自分で売り切るファッション企業、これがSPAです。製造小売業とも呼ばれています。SPAとは「Specialty store retailer of Private label

Apparel」の略です。アメリカで大ヒットした「GAP（ギャップ）」という企業が元祖です。

どこからかファッション品を仕入れてきて再販するのではなく、小売店の商品開発者自身が消費者に接し、ニーズをつかみ、それを商品にし、開発の心をコンセプト表現に活かし、自分の店で売り切る、というビジネスモデルです。日本ではユニクロが取り組みました。

衣料問屋が力をもつ日本でうまくいくかどうか、いろいろな外野の声がありましたが、見事に成功させました。特に、繊維メーカーと組んでつくったヒートテックという素材革命は、アパレル界に革命をもたらしました。軽くて安くて暖かい、このコアベネフィットがこれまでにないデザインに結びついて、新しい需要を生み出しました。

この「自分で考えて、自分でつくって、自分で売り切る」という小売業マーケティング戦略は、これまでのファッション流通王者だった百貨店に大ショックを与えました。

考えてみれば、製造小売店なんて商売は当たり前だったのではないでしょうか。家業専門店のほとんどは、自分でつくったお漬物、自分でつくったおはぎ、自分でつくった豆腐を、近くのお客さまに声をかけ合いながら売っていた商売です。

ユニクロのすごさは、この家業小売店の価値をマーケティング的に捉え直し、先端技術で武装し、お客さまへのお役立ちを目指して巨大投資をしたところに違いがあると思います。

このユニクロの成功に誘発されて、新しいＳＰＡが次々と登場しています。食品でも、お菓子やパンの分野ではＳＰＡが当たり前です。百貨店のデパ地下に店を出している企業の多くは製造小売業です。

(3) ネット流通の元気

◆アマゾンエフェクト

世界中でアマゾン旋風が吹き荒れています。アマゾンは総合ネット通販ビジネスです。業界トップの流通業を狙い撃ちにする戦略です。アメリカでは、書店、家電、玩具、アパレルなど、次々とトップが倒されています。

世界一のスーパー「ウォルマート」と熾烈な戦いをやっています。上質スーパー「ホールフーズ」を買収してリアル店舗網をもち、アマゾンフレッシュの名前で生鮮食品の販売にも乗り出しています。こうしたアマゾンエフェクトといわれる現象は、日本の流通業にとっても大きな脅威です。みんな戦々恐々としています。

２０００年にアマゾンが日本にサイトをオープンして約18年になります。日本での売上高は２０１７年に１・３兆円を超えたといわれています。アマゾンは独自の自社物流システムをもち、利益よりも投資を優先する経営戦略が他の通販企業とは違います。

日本の流通業もアマゾンに対抗して、各社それぞれが新しいビジネスモデルを開発しつつあります。ネットスーパーやコンビニ宅配、ネット生協などが動いています。総合スーパーのイオンもネット通販に乗り出しています。伊勢丹三越も全面的にネット通販に取り組むことを発表しました。

1990年後半に、イギリスのテスコやフランスのカルフールなど、欧米の巨大流通業が次々と日本に上陸しました。流通外資の自由化でした。しかしいま、食品など日用品小売業として残っているのは、西友と組んだウォルマート、ホールセールのコストコくらいのものです。日本の生活者がもつ小口多頻度購買の習慣や生鮮主体の食生活、異常に高い地価、日本の流通がもつきめ細かな商習慣などに阻まれての撤退でした。

このネット通販ラッシュはどうなっていくのでしょうか。日本らしいネット流通の仕組みと、日本らしいネット通販を開発しなければなりません。その芽が出はじめています。

◆ネットにのらない商品はない

経済産業省によれば、2016年の日本のB to C、EC市場は15兆1358億円（前年比9・9％増）、そのうちの物販系売上は8・4兆円（前年比10・6％増）です。欧米に較べてまだまだ低い数字です。

しかし、これから日本らしいネット通販が進化すれば、まだまだ伸びていくでしょう。地方の特色ある食材や商品をもっている企業にとっては大きなチャンスです。

通販だからこそ売れる商品といえば、もって帰るのが面倒な重くてかさ張る商品や、対面では買いづらい商品などが定番でした。生理用品や育毛剤などのようなものです。トイレットペーパー、米、飲料のケース買いなど、重くてかさ張る消耗品や食品、そしてメーカー商品の型番で購入できる家電製品なども通販商品になってきました。この動きを加速させたのがネットです。特に、スマホです。

しかし、ネット通販マーケティングが進むにつれて、これまで欲しかったけど手に入れにくかった商品、これまで価値に気づかなかった商品なども対象になってきました。コンサートやスポーツやイベントの入場券なども、ネット好適商品になってきました。

1台2000万円以上する中古プレミアムスポーツカーがネットで売れた、という報告もあります。安心や信用のシステムをつくることができれば、ネットにのらない商品はない、という言葉が現実のものになるでしょう。

◆身近な仲間との取り組み

こうしたネット流通革命の流れは、好機として捉えるべきです。経営規模が小さい北海道フード塾の仲間たちは、自分自身でお客さまの顔が見えるネット通販、マイネット通販に重点を置くべきです。

マイネット通販という仕組みは前の章で述べましたが，このやり方でネット通販に習熟してください。マイネット通販と楽天モールやアマゾン通販などをうまく使い分けて活用してください。絶品づくりが前提です。

北海道フード塾5期生の濱屋雄太さんは，修了論文でフード塾仲間によるクローズドＥＣシステムの計画を次のように書きました。「情報が商品の付加価値につながる，顧客情報，顧客の声が販売者に伝わる，リアルでローカルなＥＣ北海道絶品流通をつくる」という骨子です。

北海道という強い地域ブランドを背景に，それぞれの絶品商品をきちんと訴求できるＥＣサイトを開発しようとしています。アメリカでは，多くの新ビジネスモデルが大学の卒論から誕生しました。濱屋さんの論文が，北海道フード塾仲間とのコラボによって実る日が近いことを期待しています。

(4) シニアターゲット流通の元気

日本は世界一の超高齢化社会です。おかげさまで，豊かさの中での超高齢化社会です。超高齢化社会になることはわかっていたことですが，この社会構造が実感として迫ってきたのはこの数年です。

高齢者で保ってきた農業はどうなるのか、高齢者が高齢者の面倒を見る老々介護はどうなるのか、足のない限界集落は見捨てられるのか、豊かな日本とはいいながら、答えを出しにくい課題が山積です。

しかし、ニーズがあれば必ず解決策が生まれ、実践する者がいれば必ず成功に到達する者が出てくるのがマーケティングです。超高齢化社会、これを言い換えれば超高齢者マーケットです。これまで、この市場セグメントは姥捨て山のように見られ、国や自治体の仕事のように扱われてきました。

しかし、このマーケットで、本気のマーケティングをやろうという挑戦者が顔を出しはじめています。何度もいいますが、マーケティングはお客さまへのお役立ち競争です。65歳を過ぎた高齢者たちは絶好のお客さまです。オレオレ詐欺や偽物通販などの付け込み商売が目立ちます。それらの付け込み商売は、高齢者たちのニーズやウォンツを見抜いて、そこに付け込んでくる悪徳商法ですが、マーケティングをよく知っているともいえます。

真面目にお客さまのお役立ち競争に取り組めば、知恵や工夫による良いマーケティングが限りなく出てくるはずなのにもったいない。高齢者の多くはまだまだ元気です。元気な高齢者を活かしてのお買い物代行ビジネスとか、お掃除代行ビジネスとかいったビジネスはすぐイメージできます。

先に紹介した、ファッション難民といわれる地方のおしゃれニーズにお役立ちしようと開発されたポーラ化粧品の「ムービングサロンバス」は、地方の高齢者に元気を届けています。10年以上前、私の家の近くに「猫の手」という名前の、生活なんでもサービス業ができました。いまでは各サービスに定価をつけて、立派なビジネスに育っています。

高齢者たちへのマーケティングですから、そこでの競争にはルールとマナーが必要です。このルールとマナーは、できるだけシンプルにしなければなりませんし、継続的なチェックが必要です。

マーケティングでのチェック機能は、顧客満足度情報です。ホームや病院や買い物サービスやデイサービスなどのビジネス別に、地方地域での顧客満足度指数でも公開されれば、事業者は緊張して知恵と工夫を出すはずです。その成果をほめてあげる仕組みも市場緊張感をもたらし、良い成果につながるのではないでしょうか。

3 業態マーケティング、業態とは〝買い場〟のこと

(1) 小売サービス業のマーケティング、その核は業態開発

生産者マーケティングの核は商品開発です。小売サービス業マーケティングの核は業態開発です。この言葉が使われはじめてからもう40年も経ちます。欧米、特にアメリカの小売流通から学んだキーワードです。

国による流通研究視察団の一員として、アメリカ・ヨーロッパの流通を約40日間視(み)て回ったことがあります。視察団はそのレポートの中で「日本の流通は業種経営を脱して業態経営に向かい、家業から企業に向かわねばならない」といった指摘をしました。

業種とはカインズオブビジネス、業の分類のことですが、これでは戦略的経営にはつながらない、業態とはタイプオブオペレーションであり経営戦略の形のことをいう、といった指摘です。以後、流通では当り前の言葉として使われるようになりました。

小売業態とは、商圏内で暮らす生活者へのお役立ちコンセプトを明確にした「買い場の形」のことです。リテールフォーマットとも呼ばれています。このフォーマットをつくるう

えで最も重要な仕事は、品揃えとサービスと価格づけです。この仕事を続けるためには仕組みが必要です。仕組みを後回しにして、模倣や思いつきだけでつくった店の形はすぐに壊れます。

かつて、私は小売業態について次のように書きました。少し難しいかもしれませんが紹介します。「小売業態とは明確なコンセプトをもつ小売フォーマットを最先端におき、立地選定や店舗レイアウト、品揃え、価格設定、納品、接客サービス、労務管理などのツールを活かして商圏競争に勝つ小売り営業の形をいう」という整理でした。

(2) 商圏と業態ポジショニング

小売業は、商圏内の生活者へのお役立ち競争によって成り立ちます。日本の小売商圏は狭いのが特徴です。特に、都市部の食小売業態の商圏は半径500メートルとも700メートルともいわれます。狭い商圏の中でさまざまな業態の店が戦っています。よほど特徴のある業態（リテールフォーマット）にしなければ生き残れません。

図表11は商圏内の業態ポジションを描いたものです。消費者が求めるのは「価値」です。消費者は、お店が自分にどんな価値を提供してくれるのかをクールに判断して、買い物する店を決めています。昔からのなじみの店でも、自分にとって価値が低いと思えば、そっと

図表11 食業態価値のポジション、商圏内での競争 同じ分野に革新者と惰性者がいる

商圏と“食”業態の競争ポジショニング

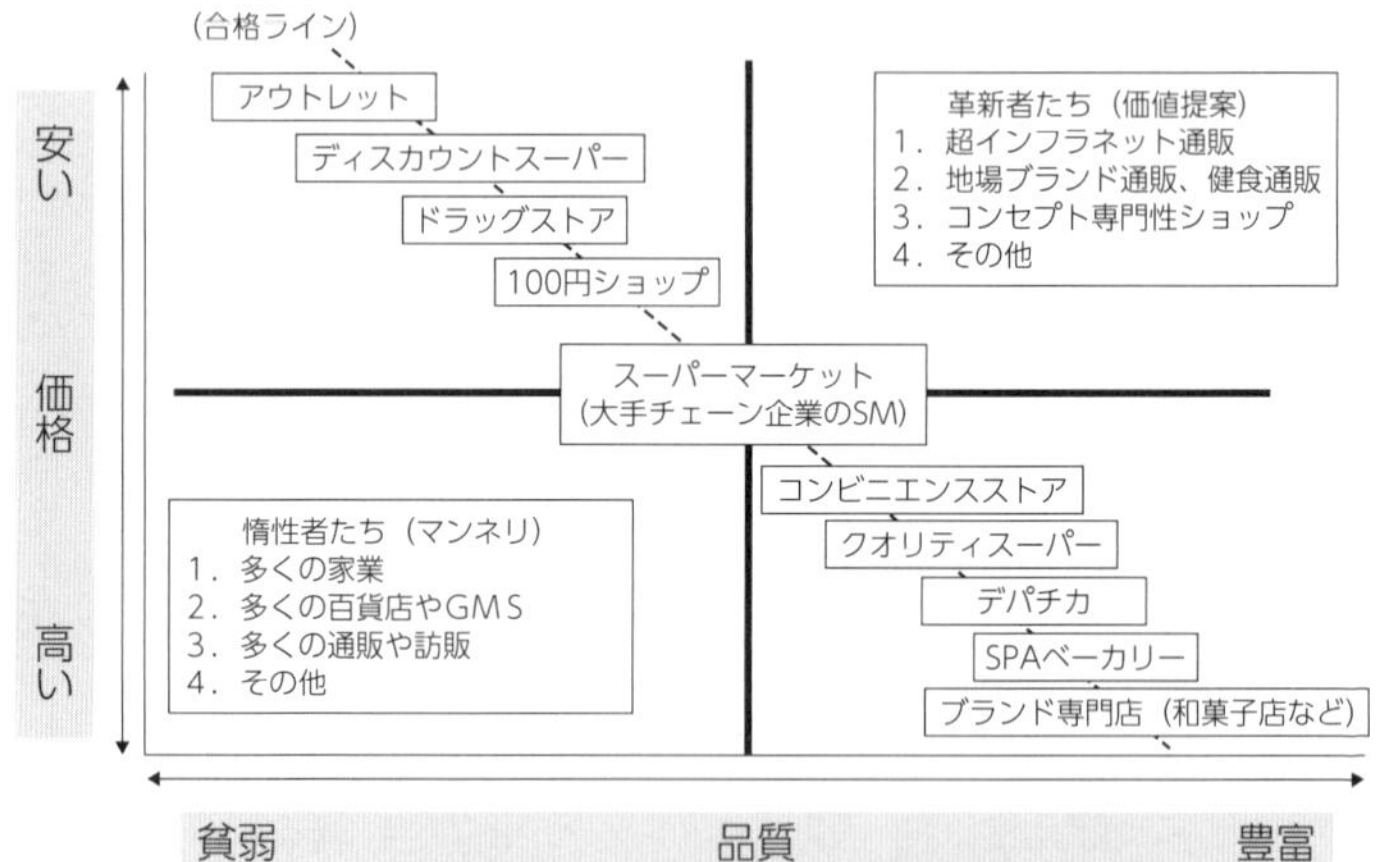

専門性…1つのことに打ち込み続けることにより得る圧倒的に優れた特徴

去っていくのが消費者です。

図を説明します。商圏内の競争ポジションを、消費者が判断する「価値」の程度で整理する図です。価値(Value)は、価格(Price)と品質(Quality)の割り算(V=Q/Pの関係)で決まります。品質の中には品揃え力、商品説明力、商品の安全管理力、トラブルなどへの保証力などから、店のイメージや雰囲気などまで、多くの要素が含まれます。定量化しにくいのですが、買い物経験をもつ消費者は品質を見抜く力をもっています。

図では横軸に品質をとり、右サイドが高く左サイドは低いとしました。縦軸には価格をとり、上サイドは安く下

サイドは高いとしました。当たり前ですが，消費者は「価格は安いほうがいい，品質は高いほうがいい」と思って行動します。

左上から右下にかけて対角線を引きました。この対角線の上にある店は「価値1・0」の合格点にある店です。左下ゾーンにある店は，品質が不合格で価格は高い店ですから，消費者は離れていきます。惰性者と呼びましょう。右上ゾーンの店は品質が高くて価格が安い店です。消費者が集まってきます。革新者と呼びましょう。人口が2万人とか3万人とかいった商圏をイメージしてください。

このポジショニングマップの上に，自店と競合店の名前を書き入れます。何人かの消費者に集まっていただき，討議しながら大胆に具体名を書き込んでいけば，このポジショニングマップができます。自分の店が左下にあれば負け，右上にあれば勝ち，対角線上にあれば「トントン」といったイメージができます。そのうえで，なぜ当店はここにあるのかを書き出せば，自信も生まれるし反省や対策も見えてきます。

スーパーのライバルが100円ショップであったり，デパ地下であったり，ホテルであったりする姿も見えてきます。合格点を示す対角線の上に，ディスカウントストアとか，コンビニエンスストアとか，専門店とかいった業態をのせましたが，これらの業態がそのまま合格といっているわけではありません。

スーパーマーケットの中にも、右上の革新者ゾーンに入る店もあるし、左下の惰性者ゾーンにある店もあります。ディスカウントストアについても、コンビニについても同様なことがいえます。

この図には、具体的な店の名称で書き込む必要があります。左下の惰性者と位置づけられた店はしっかり反省して、少なくとも合格ゾーンに入るマーケティングをする必要があります。合格ゾーンと判定された店はそれに甘んじることなく、右上の革新ゾーンに入れるよう価値を高める努力を続けましょう。

毎日の仕事で多忙に追われる中、ついついこのチェックが甘くなり、自分が惰性者ゾーンにいることに気づきながら、見て見ないふりをする店長やバイヤーが多いのが最近の小売業の実態です。メーカーや卸売業者にとっては、各商圏の中で自分がパートナーにしたい店を選ぶうえで、このマップが活きてきます。

(3) ネットスーパーやネット通販でも商圏ポジションは大切

このポジショニングマップは、店舗業態を中心にして整理してありますが、ネットショップやネット通販でも同じことです。最近、よく見かけるようになったネットスーパーは、消費者がネット上で商品を探索して、最寄りのスーパー店舗からお届けする仕組みです。

その場合でも、お客さまは自分が知っている店の棚をイメージして商品を選ぶはずです。これをストアロイヤルティといいます。当然、自分の買い物エリアの中にあるスーパーの中から、自分にとっての価値が高いと思う店を参考にして商品を選びますから、左下ゾーンのスーパーがネット販売をやっても実績は上がらないはずです。

ネット通販でも同じことがいえます。消費者はこれまでに利用したことのある通販サイトのうち、どのサイトの価値が高かったのかというポジショニングの結果、利用するサイトと商品を決めるのですから、惰性者ゾーンの通販サイトは選ばれません。

通販という買い場は、それが映像であれ紙面であれ、リアルショップに比べて、いつでも見られる、何時間でも見られる、他とじっくり比較できる、という特徴をもちます。売り手の顔が見えませんから、クレームもいいやすいといった特徴さえあります。

この特徴から考えると、通販はよほど強力な提案価値をもたなければ消される、ということになります。ポジショニングマップ上で、いつも革新者ゾーンに居続けなければ、消費者のじっくり比較に負けるということです。

4　店頭づくりのお手伝い、これが期待されている

(1)　マーチャンダイジングという仕事

流通業のマーケティングでは、マーチャンダイジングという言葉がよく使われます。一言でいえば、買い場づくりのための品揃えと商品調達です。流通研究の先達、田島義博さんは次のような定義をしています。

「マーチャンダイジングとは流通業（特に小売業）がそのマーケティング戦略に沿って商品やサービスおよびその組み合わせを、最終消費者の価値を最大化する方法で提供するための、計画、実行、管理のこと」。また、その具体行動として「商品構成や商品調達、販売手法、価格政策、インストアプロモーション、インストアマーチャンダイジングなど多くの活動を含んでいます」と述べています。スーパーなど、小売業のマーケティング実務のことだといってもいいでしょう。

この仕事をやる人のことをマーチャンダイザーといいます。仕入れ担当者のことはバイヤーといいます。バイヤーはマーチャンダイザーの方針に従って、商品仕入れや商品開発を

します。このような考え方や職能が使われるようになったのは，チェーンオペレーションという小売マネジメントの形が定着し，本部と店との役割を明確にしなければならなくなってきた結果です。

一店とか数店の店しかもたない小売業ではあまり使われない用語です。百貨店でもあまり使いません。百貨店ではバイヤーという言葉の中に，マーチャンダイジングを含めて使っているようです。

(2) インストアマーチャンダイジングと52週提案

スーパーマーケットの同質化と不振がよく話題になりますが，スーパーマーケットの中にも良い成績のところと悪い成績のところがあります。その分かれ目がマーチャンダイジングです。

スーパーマーケットとは，地域生活者に価値の高い食をお届けし続ける食品専門店が本質です。決してディスカウンターのことをいうのではありません。それぞれの商圏に住む生活者の年齢特性や所得特性に合わせて，価値ある食材と食のカタコトを提案することが仕事です。

日本の消費者は，生モノを中心にしての当日買いを特徴にします。しかし，食材を買って

家で食事をつくるという「内食」が減り、お惣菜など出来上がった調理済み食品を買っても
ち帰って食べる「中食」という食べ方が増えています。
それでも買ってきた調理済み食品だけを食べているわけではありません。まだまだしっか
りした家庭料理のほうが多いと思います。冷蔵庫に入れてある冷凍したご飯や前日の残り物、
保存のきくビンや缶の食品を取り出して、ひと手間かけて自分の食事らしい食べ方をしてい
る人も多いのではないでしょうか。
このような食卓風景を考えながら、「こんな食べ方をしてみませんか」と提案する仕事を
インストアマーチャンダイジングといいます。カタコト提案です。
消費者の多くは、「今晩の食事はこれにする」と決めてからスーパーに来るわけではあり
ません。店内に入って、売り場を見て回って何を買うかを決めています。これをインストア
デシジョンといいます。このような消費者の買い物のお手伝いをするのがインストアマー
チャンダイジングです。
そのために商品が見やすい通路をつくり、商品を選びやすい買い物棚をつくり、今晩のご
飯にはこれがお得という提案コーナーをつくったりと工夫をします。
特に、マーチャンダイザーが気を遣うのが、週末の買い場づくりです。生活者がホッとし
て食事を楽しみたい週末での買い物では、いい食材が売れ、品目も増え、客単価も上がりま

すから、スーパーにとってはゴールデンタイムです。

マーチャンダイザー、バイヤーはこのゴールデンタイムのために知恵を絞ります。このことを52週の提案といいます。しかし、そう簡単に毎週毎週いい提案が続くはずがありません。どうしても「特売」になりがちです。同質の売り方で、特売で安く売り、売上だけは稼ぐ、これが惰性ゾーンに落ち込みやすいスーパーマーケットがもつ共通点です。

ここに、地域で生きる絶品メーカーの提案機会があります。地域料理の工夫提案や地域のお祭りイベントなどを組み込んだカタコト提案、小学校や中学校のイベントに合わせたパーティー提案、地元ならではこその企画チャンスはたくさんあります。マーチャンダイザーやバイヤーが欲しがる52週企画提案こそ、地元の絶品メーカーがやれる営業機会です。

スーパーマーケットを中心にして小売業のマーケティングを述べてきましたが、他の小売業態についても同様のことがいえます。オーバーストアと価格競争に悩むスーパーマーケットですが、何といっても食流通の中心はスーパーマーケットです。食品小売流通の主役であることに変わりはありません。このスーパーマーケットの激しい買い場づくりマーケティングからのヒントやノウハウは、道の駅でも、ドラッグストアでも、アンテナショップでも、百貨店の展示会でも通用します。

5 パートナーオペレーションのすすめ

チェーンオペレーションはどうしても標準化、マニュアル化を推し進め、売り場を本部がコントロールしようとしますから、品揃えや売り方は同質化し、個性を低下させ、価格競争になりがちです。価格が安いのですから、毎日の生活に追われる生活者にとって悪いことではありません。

しかし企業経営者にとっては、売上は増えても利益は上がらない、売上づくりは同時に人手を要求しますから、固定コストは上昇する、利益はさらに落ち込む、仕方がないから取引先の卸売業者やメーカーを買いたたく、力のある取引先は離れていく、店の魅力はさらに落ち込む、という悪魔のサイクルに陥って悲鳴を上げます。どうすればいいのでしょうか。

既存の巨大チェーン流通業は海外に出るか、ビジネスのリモデルをやるかしかないような気がします。これからの流通業、特に地域小売業はチェーンオペーションの良い部分を取り込みながら、パートナーオペレーションのマーケティングを考えるべきではないかと思います。

支配型のチェーンオペレーションではなく、組織の経営者、店のオーナーや店長、商品の納入者の三方が、パートナー関係をもったマネジメントシステムを開発することが大切でしょう。

パートナーとはどんな関係をいうのでしょうか。3つの条件が必要です。第一はそれぞれが一流であって尊敬し合える関係であること、第二は互いに駆け引きをしない最恵待遇でビジネスを続けられる関係であること、第三は互いが自分の出番を心得て分業ができる関係であること、の3つです。

競争の激しい流通の分野で、このような条件で相手を探しても適した者なんかいるはずがないと思うかもしれません。探してもいなければ育てればいいのです。創業や後継創業の心が熱いうちに、互いに育て合えばいいのです。この組織づくりは、専門店型スーパーマーケットや食専門店企業で通用すると思います。

これからの流通業、特に小売業は、新創業、再創業、後継創業の時代になると思います。そこで求められるのは、先に述べた価値づくりです。経営規模の拡大だけを追うのではなく、地域生活者にとっての価値づくりを最優先させた小売サービスの店を継続するためには、このパートナーオペレーションが不可欠だと思います。

組織の経営者、店のオーナーや店長、商品の納入者の三者が共有しなければならないのは、「一店一店のお客さまにどうお役立ちするのか」という具体目標です。この共有がなければパートナー関係は成り立ちません。

Column コラム

自信のある商品をもってきてください：桐生 宇優

北雄ラッキー㈱は北海道全域に店舗網をもつ中堅地域スーパーマーケット企業です。その旗艦店が山の手店です。かねてから気負いのない普段着の上質スーパーだと思ってきました。山の手店の建物は平屋550坪、商圏は札幌でも中産層の多い落ち着いた地域です。入店して店内を見渡すと、きょう自分が何を買いに来たのかが自然に伝わってくるつくりになっています。

社長の桐生さんは、この店の商品カテゴリーをテイスティ（美味しい)、ナチュラル（健康)、コモディティ（日常)、コンパクト（量目)、コミュニティ（地域生活)、コンビニエンス（便利さ）に分けています。それぞれのカテゴリー責任者が主張を出しやすい買い場になっていると胸を張ります。そのとおりと感じました。

どの商品カテゴリーにも北海道の商品があり、ワンポイントアドバイスが提案され、お客さまへのお手伝いがあります。地元メーカーへのお役立ちの気配りを感じます。これが製販一体の空気をつくっています。品出しをしていた若い店員さんに、フード塾仲間がつくったワインの買い場を聞きました。とても丁寧に教えてくれて好感をもちました。

桐生さんは北海道フード塾のゲスト講師です。2018年１月のフード塾講義で、地域スーパーマーケットが求める商品について話をしてくださいました。「フード塾の仲間が、私がつくった絶品を見てください、と持ち込んできてくれれば必ず検討させていただきます」といってくださいました。「東京研修のときには、私がガイドをしましょう。東京で見るべきポイント、学ぶべきポイントをご一緒しましょう」といってくださいました。

山の手店から２キロ、名の知れた老舗スーパーがあります。ラッキー山の手店と比較するのが気の毒なくらいのマンネリを感じました。お客さまへのお役立ち競争の現場を見ました。

北雄ラッキー㈱
札幌市手稲区星置２条-1-1
https://www.hokuyu-lucky.co.jp/

第9章

絶品マーケティングとロジスティクス

―物流危機を怖がるな、絶品とやりくりで乗り切ろう

1 買い場という最前線を強くし続けるのがロジスティクス

ロジスティクスとは軍事用語です。日本語では兵站(へいたん)という言葉が当てられていますが、物流のことです。戦いに勝つには最前線を強固なものにし続ける必要があります。勝つためには、最前線に兵員や武器弾薬を途切れなく補給し続けなければなりません。その仕組みをロジスティクスといいます。太平洋戦争での日本軍の敗因のひとつは、このロジスティクス軽視だったともいわれています。

マーケティングでのロジスティクスとは、買い場という最前線を強くし続けることです。お客さまと商品とが出合う接点、ここが最前線です。スーパーマーケットなど実店舗では、商品が並ぶ棚のことです。カタログ通販にあっては商品を表示するページと約束のことであり、ネット通販にあっては商品サイトと約束のことです。

棚を強くするには、提供する商品のベネフィット（お客さまが得る価値）がシンプルに表現されていなければならず、お買い得な価格が表現されていなければなりません。買い物接点はお客さまとの約束を実現する場ですから、あるべき棚に商品がなければ違反です。欠品のない商品補給の仕組みがなければ約束は果たせません。そのためには約束を違えることのない補給システム、まさにロジスティクスが必要です。

通販で紙面やサイトを強くするには、商品現物がないので、より明確な提供商品のベネフィット表示が必要になります。他のメディアとの比較に負けない価格表示が必要になります。お申し込みいただいたあと、何日以内、何時間以内にお届けできるかの約束表示が必要になり、支払い方法の約束が表示されていなければなりません。

この約束を確実に守るためには、在庫管理からピッキング、梱包、配送といった一連の仕組みができていなければなりません。まさにロジスティクスが必要なのです。マーケティングの前提にはロジスティクスがあります。

2　物流危機の到来、宅配便コストの上昇

昨今の流通問題を表す代表的な言葉は、「物流危機」です。ネット通販の爆発的な膨張によってトラック運転手が不足して、物流が動かなくなりつつあるという問題です。

２０１６年の宅配個数は40億個近くにもなり、トラック運転手には過酷な労働が要求されています。若手運転手が減り、高齢化が進んでいます。このままではネット通販の配達だけでなく、すべての物流が機能しなくなるという危機です。この危機状況はかねてから指摘されていましたが、ネット通販企業「アマゾン」がはじめた即日配達サービスや送料無料サービスによるネット通販の膨張が引き金になって顕在化しました。

宅配便のトップ企業「ヤマト運輸」は総量制限を発表し、宅配便の大手3社は価格アップに踏み切りました。この背景には、少しでも早く届けて欲しい、自分の時間都合に合わせて届けて欲しい、必要な量だけ届けて欲しい、といった消費者ニーズがあります。

このニーズをめぐっての物流業者間の競争があります。わがままといってもよさそうなニーズに対してサービスを続けてきた業界自体に原因があるという見方もありますが、物流が止まってしまえば経済も生活も止まってしまいますから、なんとかしないといけません。

ＩＴなど先端技術を駆使した物流センターも発達し続けますが、このままでは需要の膨張に追いつけそうにありません。

国もいろいろ考えているようですが、特効薬はありそうに見えません。否応なしに物流費は上昇していくでしょう。上昇分を商品の販売価格に転嫁できない企業は身銭を切らなければならなくなり、経営内容が悪くなることは明らかです。北海道や秋田で一緒に学んでいる仲間も例外ではありません。どんな対策があるのでしょうか。

北海道フード塾の仲間や物流業者から、物流実態についてのヒアリングをしました。北海道フード塾修了生のヒアリングによると、道外販売の多くは「宅配便」利用のようです。宅配便物流の価格は卸売業者物流に比べて割高ですが、「小回り性」という価格に代えがたいベネフィットがあります。定期販売先との継続取引が少ない小規模な道内生産者にとっては、すばらしいシステムです。

しかし、ほぼ同質の商品を道北の生産者が東京の店頭に運んだ場合と、関東の生産者が東京の店頭に運んだ場合の宅配便コストを比べると約2倍です。これがそのまま価格に上乗せになるのでは競争になりません。高いコストを吸収できるくらいの商品力をもつとか、物流コストが高くつく関東圏での販売を制限するとかいった、戦略的な対策を講じなければ無理なように思いました。

ネット通販の爆発的な膨張により物流がパンクするという事態は大問題です。しかし、角度を変えて眺めると悪い話ばかりとはいえません。消費生活者にとっては、居ながらにして欲しい商品やサービスが手に入るのですから結構なことです。

こんな仕組みがないところには、諦(あきら)めてしまったかもしれない商品やサービスを買う人が増えるのですから、需要全体の成長にはプラスです。地方の買い物難民にとっても、買い物の機会が増えるのですからプラスでしょう。東京など大消費地に販売できる機会を得た地方の中小メーカーや流通業者にとってもプラスでしょう。問題は上昇する物流コストをどう吸収できるかということです。

この問題を解決するため、ネット通販業者や物流業者もいろいろ工夫や研究開発を進めています。その工夫や研究開発の中には、消費者にとってそれほど大事ではないと思われるサービスは大胆に切り捨てるという選択肢も入ってくるでしょう。なぜ即日配送でなければならないのか、再配達サービスのようなサービスが本当に必要なのか、といった議論も進んでくるでしょう。

しかし、北海道フード塾の仲間たちは、自分の努力でその事態を乗り切らなくてはなりません。白糠酪恵舎の井ノ口和良さん（第1期生）は、「宅配コストの上昇は大問題です。解決策は売り手市場の商品をもつことだと思います。当社は顔の見える納入先に絞り、他社に絶対つくれないチーズをつくっていますから、いまのところ宅配コストの上昇は吸収できています」といいます。知恵と経験を出し合ってください。

3 物流は卸売業者の役割だった、見直すべきその役割

◆買い場づくりと物流

かつて、物流という流通機能は卸売業者の仕事でした。卸売業者は中小分散的な生産者と中小分散的な小売業者の商いを結びつけ、商品を届け、代金回収を果たす流通の要(かなめ)でした。この50年間の流通近代化の中で急速に役割の交替を迫られ、物流も金融も機能を特化した中間流通業が主役になりつつあります。

しかし、卸売業者が果たしてきた役割がすべてなくなってしまったわけではありません。特徴的な商品を探し出して魅力的な買い場づくりをするような仕事が、卸売業者に求められる今日的な仕事になっています。その買い場に品切れなく商品を届け続けることができるのは、買い場づくりに詳しい卸売業者ならではの仕事です。

情報の少ない地域のメーカーに、売れる商品づくりや買い物でのカタコト情報を伝えるのも卸売業者の仕事です。一言でいえば、魅力的な買い場づくりとそれを支える物流の仕事が

いまの時代の卸売業者です。買い場づくりとロジスティクスの融合です。

いまの日本はモノが満ちあふれた成熟マーケットです。どのスーパーマーケットでも、どんな商品を品揃えして、どんな価格をつけて、欠品のない買い場をつくればいいかに悩んでいます。

◆卸売業者によるロジスティクス

膨大なアイテムを担当する多忙なバイヤーには、魅力的な買い場をつくり続ける余裕がありません。また、経験の少ない若いバイヤーの多くには、この買い場づくりの経験がありません。ここに地域産品に強いとか、冷蔵冷凍に強いといった専門性をもった卸売業者の役割があります。卸売業者によるロジスティクスが出番を発揮する場面です。

埼玉にA社という卸売業者があります。日配品に強い中堅卸です。関東の質販型スーパー約30社とじっくりとしたマーチャンダイジング関係をもっています。A社は道内メーカーに商品開発のアドバイスをしながら、関東の質販型スーパーへの「売りつなぎ」を役割としています。1日1便、恵庭から埼玉への常温・冷蔵の温度帯に対応した便を走らせています。

稚内に「御菓子司小鹿」という和洋菓子店があります。いまの社長、小鹿卓司さん（第3期生）は、父が開発した「流氷まんじゅう」という商品をテコにして、時代に合った絶品づくりに努力しています。

4年前に小鹿さんは「北緯45°モッチリーヌ」という商品を開発しました。この商品は北海道フード塾でマーケティングを学んだ小鹿さんが、全国の小売競争を熟知した卸売業者さんからのアドバイスを受けて開発した商品です。卸売業者さんから白いシュークリームができないかと提言を受けて、道産米粉と澱粉（でんぷん）をベースにし、独特のモチモチ感をもった「北緯45°モッチリーヌ」を開発しました。

量販商品にせず、空港や土産専門店、道外生協などで売ろうというアドバイスも卸売業者さんからいただきました。安売りしないですむ絶品に育ちました。自ら協働開発をしたという事情もあって、その卸売業者は販路開発や物流にも協力的です。卸売業者と地域専門店によるコラボの結果です。

4 絶品をもてば怖くない、自分でやれる5つのヒント

ネット通販の膨張をきっかけに、日本中に物流危機が広がっています。宅配便の価格が高くなり、価格転嫁ができない中小の生産者は悲鳴を上げています。ありふれた同質品をつくっていたのでは、スーパーチェーンは価格転嫁を認めてくれません。答えははっきりして

います。売り手市場の絶品をもつことです。次の5つの着眼点をヒントにして工夫してください。

第一は、より強い地域絶品をつくり、売り手市場に立つことです。これまでの商品を見直して強い絶品に育て直すことです。質を重視するスーパーマーケットなどの取引先が、この商品は欠かせないといってくるくらいの絶品をつくることです。そうなれば物流業者の物流価格アップの要求にもうろたえなくてすむはずです。

第二は、見えない取引先との取引を見直して、見える取引先に絞ることです。北海道や秋田で学び合っている仲間の多くは小規模経営です。もともと関東圏など、遠くにある顔の見えない取引先に売る余裕などあるはずがないのです。これを契機に、地元でお客さまの顔が見えるチャネルを開発し直すことです。東京などとの取引は、先方からの注文だけと割り切る必要もあります。

何もスーパーマーケットばかりが販売先ではありません。道の駅、ホテル、レストランやカフェなども、見えるチャネルとして存在します。コンビニも地場の絶品を求めています。積極的に飛び込んでみることです。それには自信をもって売り込みができる絶品が必要です。小さくてもひとつの絶品があれば、周りの商品がついてきます。見えるチャネルとの継続取引をもてば、物流業者も良い提案をしてきます。

第三は、「やりくり」です。ヒアリングによると、スーパーなどに納品したトラックの戻り便を利用して、少しでも安い物流費にしようというやりくりが多いようです。これも有効なやり方です。これをシステム化しようという物流業者もいます。「生産者に近い場所に集荷センターをつくり、そこまでの搬入は生産者自身でやって欲しい、あとはわが社が引き受けます。宅配便に比べてコストは大幅に安くなります」と、物流マーケティングをアピールしています。

第四は、サバイバル戦略に懸命な卸売業者との取り組みです。前の項で書いたとおり、卸売業者は大小を問わず生き残りに必死です。強い商品をもち、安定的な取引先をもった生産者との取引を探しています。自分がやりたいこと、卸売業者がやりたいことを忌憚（きたん）なく話し合い、いいパートナー関係をつくることです。卸売業者の物流は、宅配便など専門物流業者と比べて商品の店頭事情を知っての物流です。買い場という最前線を強くし続ける仕事を基本的な役割にする卸売業者のロジスティックスと組むことは有効な方策です。

ある大手卸売業者の物流担当者は、「小さな生産者の小さな取引であっても、腹を割って話をし、どんな買い場にどう売りたいのか、どう運びたいのかを納得し合えばいい加減なことはできません。そのような関係を積み重ねたいのですよ」と語ってくれました。

第五は、自社配送や共同配送です。近くの小都市に直売所をつくりコツコツ売っていくやり方も、地域絶品マーケティングでは軽視できないやり方です。いまは車社会ですから、噂を聞きつければお客さまのほうから買いにきてくれます。静岡県富士宮市にある㈲井出種畜牧場（いでぼく）は40頭余の牛を飼い、東名高速のＳＡ（サービスエリア）や御殿場アウトレットにある直営店で牛乳やチーズを売る６次ビジネスです。いでぼく代表の井出行俊さんは、「うちの物流はお客さま自身が引き受けてくれています」といいます。

北海道フード塾の講師、日配品卸・鈴乃屋の鈴木俊雄さんは、若いころの共同物流体験を次のように語ってくれました。１９９５年ごろの物流は路線便が主で、宅配便が動き出したころでした。クール便はまだ今日ほどシステム化されておらず、保冷ボックスや保冷剤利用でしたが不安定でした。宅配便業者は保冷ボックス利用などでやっていましたがコストは高く、通常便の2倍ぐらいにつきました。小売価格に転嫁するのは困難です。これを解決するために、鈴木さんは京都のアルファ物流と首都圏の紀文物流を引き合わせ、共同物流システムを提案しました。価格は宅配便の70％ぐらいに抑えられました。

京都の荷主はそれぞれが暖簾（のれん）のある老舗ばかりでプライドも高く、なかなか新しいシステムに乗ってくれません。１９９５年12月25日から30日にかけての豪雪で物流が止まりました。鈴木さんのもとに琵琶湖水産の社長から、「琵琶湖の比良山の上が明るくなってきました」と電話がありました。ここが明るくなると天候回復の兆しです。鈴木さんはすぐにアルファ物流と紀文物流に連絡を取り、アルファ物流は荷主から集荷、鈴乃屋は首都圏まで東名を走り、紀文物流は小売りへの届けを分業しました。集荷から店頭までの時間が18時間です。大みそかに間に合いました。これを機に、老舗メーカーさんと卸売業者と物流業者の共同物流の信頼が高まり、いまでも続いているそうです。

苦労を乗り越えてつくった共同物流の成果でした。この仕組みは3・11の東日本大震災にも活きました。イノベーションが進んだ今日でも通用するお手本かと思います。

▲東京での講義風景

レポート：「真実の瞬間、カタコト提案」

2018年４月26日から28日まで、東京ビッグサイトで「ホビークッキングフェア」が開かれました。日本ホビー協会（JHA）とIDRが共催するＢtoＣ展示会です。出展者にとっては、３日間のマイチャネルです。３日間で14万１千人が来場しました。

会場でIDRとE-Zoが協働ブースを出展しました。北海道フード塾の塾生８人が、腕に覚えのある商品をもってきました。そこでは他にない特徴を“ぐさり”提案している人と、きれいに並べてお客さまを待っている人とで、お客さまの反応がまったく違っていました。

きれいに並べて待っていた塾生に、仲間がアドバイスをしはじめました。素直な塾生は、「知床の海の採れたてを、そのまま干物にしてもって来ました。地元では、カットしてサラダにトッピングにして食べています。食べてみてください」と大きな声を出しはじめました。お客さまが立ち止まりはじめ、ほどなく完売しました。カタコト提案の価値を知ったはずです。「真実の瞬間」の実証です。

▲「ホビークッキングフェア」で体験した真実の瞬間

Column コラム

隅々から集める、隅々にまで届けます：斉藤 博之

北海道は大自然が育む食材の宝庫です。この宝物はとんがった奥地にあります。この宝物を商品にするお手伝いをしたいと思ってやってきました。隅々から集める、隅々にまでお届けする、そこに付加価値づくりの源があると思っています。

奥地の宝物は収穫期が集中し、多頻度少量になりがちです。不安定出荷という問題を抱えています。その結果、コストは高くても便利で早い宅配便に頼らざるを得なくなります。宅配便はもともとBtoCのシステムです。このBtoCシステムを業務用に使えば価格は高くなり、競争力低下につながるのは当然です。

ネット通販の膨張によって、物流システムの進歩が激増する物流に追いつかなくなっています。物流危機です。便利価値の反面にある問題点の露呈です。即日配達や再配達の見直しなどの対策もありますが、大切なのは物流マーケティングの見直しではないかと思っています。この物流危機の中、便利さだけでなく、安定確実と割安さを優先する物流も大切ではないかと実感しています。物流間のマーケティング競争です。

北海道フード塾の絶品づくりに共鳴します。早くて便利を売りにする商品を超えて、美味しくて手に入りにくい絶品をもてば、販売先も選べますし、物流を選べます。そのような地域メーカーのお手伝いをしたいと思っています。商品の特徴と、売りたい相手先と、お届けの仕方と、物流コストの希望を出してください。じっくり相談して、納得のいく取り組み方を一緒に考えましょう。全国の「買い場」に価値バランスが取れたお届けを工夫します。

北海道物流開発㈱
札幌市西区発寒6条9-1-10
http://www.hbk.biz/

（注）斉藤会長は北海道フード塾のゲスト講師です。北海道マーケティング塾の最大の課題は物流です。斉藤さんに寄稿をお願いしました。

第10章

ひとりじゃないんだ

―心を開けば自分が見えてくる

1 相談相手がいない

地域の小さい企業や個人経営者と話すと、「身近に相談相手がいない、話し相手がいないのが悩み」という話題になることが多いことに気づきます。そうなんだろうな、と思います。札幌や旭川のような都会なら、まだ「賑やかさ」や「華やかさ」があって刺激に出合いますが、少し離れた北海道の田舎に行くとそれがありません。ついついマンネリになり、「どうせ…」という思いになりがちです。

そんなときに腹を割って話せる相談相手をつくらなければなりません。第一の相談相手は家族です。特に配偶者です。私の周辺の中堅経営者でも、第一の相談相手はカミさんだ、亭主だといっている人がたくさんいます。そのとき、愚痴や悩みだけを話すのではなく、一緒に経営しているビジネスについて真面目に相談するのがコツだという点で共通しています。なかには、自分たちのビジネスについて交換日記をつけている夫婦さえいます。

家族であるとともに、共同経営者だという「仕組み」をつくることが役立ちます。東京なんてもっともっと相談相手のいない淋しい町です。小さい企業の経営者だけでなく、大企業の経営者も同じです。答えは自分の足元にありそうです。相談の第一歩は自分のほうから発信することです。

2 仲間は間もなく150人、地域塾がいい

◆道内の地域塾

北海道フード塾、20歳から50歳代の働き盛りが中心だというのも魅力です。女性経営者が多いのも魅力です。前例主義や平等主義を超えて、意欲のある、自分から手を挙げてくる人を重点的に応援しようという北海道庁の姿勢がいいです。小さい地元の企業と自治体とが、

生活者起点という絆で一体化しています。

開講当時は札幌での開催でしたが、第4期からは各地域での開催を組み入れる形に発展しました。地域ごとに7人から8人の小集団で学び、札幌で各地から集まった全員での話を聞き、発表し合い、東京で消費現場を見て、地域に戻って修了論文を書き上げるという体系が出来上がりました。道内の地域フード塾です。

◆地域での勉強に、他の地域からも仲間が参加する

地域フード塾づくりは、第1期、第2期の修了生たちの声を頂戴（ちょうだい）しての工夫です。北海道が広いといっても地域に行けば身近です。近い場所にいる地域塾の仲間たちは日ごろから互いを知り、コミュニケーションも身近です。身近さから生まれがちな慣れ合いを、フード塾が主唱する生活者起点という理念と、マーケティング戦略という具体性が揺るがします。

地域での集まりに、他の地域の仲間が飛び込み参加をします。2017年秋、中標津での地域塾には、札幌から横田憲人さん（第3期生）が駆けつけて札幌地域での活動を話してくれました。「札幌から駆けつけるにはお金も時間がかかりますね、大変ですね」と横田さんに声をかけたら、横田さんはこう答えました。「こちらに来れば札幌とは違う何人もの仲間に会えます。ホンネの声が聞けます。私が困っていることの解決策にも出合えます。新しい

仕事の芽に出合えますから、お金も時間も引き合います」という話でした。

同じころ、江差で開かれた地域塾には札幌の泉澤章彦さん（第2期生）が飛び入りしました。泉澤さんは食品卸をやりながら、北海道ラーメンをつくっている人です。札幌から車で片道4時間、日帰りだったそうです。「参加して、ようやく塾の意味を知りました。自分なりに精一杯努力して商品をつくっているうちに、これで最高の商品ができたと思い込みますが、この思い込みが失敗の原因につながります、答えを出すのは消費者なのだという本質を知ったときに目覚めました」と、体験を話しました。みんな頷いていたようです。リアルな人間関係が生まれます。

3 「修了論文」を見せ合ったホンネの仲間たち

フード塾では塾の修了時に、「中期3ケ年計画」という修了論文を書かなければなりません。準備してきた構想のもとに、指導教師とのコンビで書き上げます。夜10時になっても「ゴー」が出ずに、持ち帰って徹夜で仕上げる人も少なくありません。塾ではこの論文を「約束論文」と呼んでいます。自分への約束だからです。

翌日、全員の前でこの論文を発表します。他の塾生からの「突っ込み」もあります。指導

図表12 修了論文の骨子
—わが社の中期マーケティング計画、3ケ年—

1 企業理念と経営者の思い、プロフィール
2 わが社の生い立ちと実績、こんな経営がしたい
3 わが社の強さと弱さ、SWOT分析
4 こんな絶品をつくりたい、お手本の絶品
5 絶品づくりのマーケティング計画
 (1) コンセプト
 (2) ターゲット
 (3) マーケティングミックス(4P)
 (4) マーケティング体制
 (5) 収支計画
6 実行可能性
7 やりぬく覚悟
〈この論文は自分との約束論文です〉

講師からの意見も出されます。持ち帰ってさらにブラッシュアップです。そして1カ月後の1月、知事の前で正式報告です。そのうえで晴れて修了証書がもらえます。

この間の「やり取り」の中では、ウソは書けません。飾り事も通用しません。ハダカになるしかありません。この経験を通して、塾生たちは「ひとりじゃないんだ」の価値を共有することになります。修了論文の骨格は**図表12**のような構成です。これをパワーポイント20枚以内でつくらなければなりません。

4　どんな食材でも仲間から手に入る

どのような会でも、つくった当初は元気よくても、時間が経つとだんだんマンネリになるのが普通ですが、フード塾は逆です。先輩から話を聞く、自分でよく確かめてから来るといった参加者が増えたせいか、毎回充実してきます。現役が知事の前で約束論文を発表する時間には、卒業生たちも参加します。改めて刺激を受けて地域に戻ります。

全道から、生産者を中心にして150人もの経営者仲間が集まると、北海道の食材はすべてそろうことになります。どこかのフェアやセミナーでたまたま一緒になった150人ではなく、時間をかけてじっくり積み上がった150人の価値は絶大です。

「新しい絶品をつくりたい、そのための素材を探したい」と思ったとき、それまで面識はなくても、名簿を見てじかに電話すれば、「NO」の返事が返ってくることはありません。150人という量だけではなく、150人という質の集まりがフード塾の最大資産です。

この仲間たちは素晴らしい武器をもっています。進化した携帯電話など先端技術です。塾生たちは全員がメールアドレスをもっています。全員がアドレスを共有しています。道北の天塩（てしお）町、広大な牧場で「世界一幸せな牛」を飼い、先端酪農を育て上げている宇野牧場の宇野剛司さん（第3期生）からメールが来ました。

「いま、雪がひどくてホワイトアウトの状況です。世界一幸せな牛たちが出す牛乳でのヨーグルト、どう絶品にしようかと考えながらホワイトアウト明けを待っています」とありました。私からも返信して、ちょっとしたミーティングでした。

世界一幸せな牛たちとは、宇野さんの心です。自然放牧とＧＰＳ管理で牛たちをのびのび生育させて、他にない牛乳を出してくれる牛に育てたいという「心」のことです。

5 「ひとりじゃないんだ」を実践する

◆コラボレーションとパートナーシップ

広い広い北海道、大自然に恵まれた北海道、農業、畜産、漁業といった食資源宝庫の北海道、これをどう活かすかです。１５０人の生産者、この力で北海道の食素材はすべてそろうはずです。食資源のリアルな情報もすべてそろうはずです。

一社一社の経営規模は小さく、事業の幅は狭いかもしれませんが、１５０人を束ねてみれば巨大な存在です。この資源を活かし合ってマーケティングを実らせるには、コラボレーションが大切です。

コラボレーションとは、「異なる分野の個人や企業や団体が、共通する目的のもとに手を組んで、ひとりではできないことを達成すること」といった意味です。日本語では協働という言葉が使われることが多いようです。

近い言葉にパートナーシップという言葉があります。前の章でパートナーがもつ3つの条件について書きました。パートナーの条件とは「互いに分業し合える関係にあること、互いがその分野では一流であり尊敬し合える関係にあること、互いが駆け引きのない最恵待遇を出し合える関係にあること」という3つです。この3つの条件がそろわないとパートナーシップはつくれません。コラボも組めません。

フード塾の仲間すべてをコラボメートにするといっても、それは空論です。3つのパートナー条件をもち合った仲間をどう探し出すか、その人間関係をどうつくり上げるかが大切です。自分のほうから心を開かなければいい関係は育ちません。

◆さまざまなコラボの可能性

コラボには無限の可能性があります。工夫次第です。商品開発、販路開発、物流開発などから、市場調査や従業員教育などまでコラボは可能です。フード塾でのコラボが身近に実感できるのは、商品開発と販路開発でしょう。

ここで大切なのは、「何を目的にしてコラボするのか」という目的・目標の明確化です。「塾の先輩後輩のつながりだから何かできるだろう」といった安易な考えではだめだということです。

コラボはボランティアではありませんから、あらかじめ目的・目標を決め、期待する役割を決め、進行責任者を決めてかからなければ失敗に終わります。また、必要な経費も事前にはっきりさせておかなければ、途中でギクシャクしてしまいます。

◆絶品つくりたい人、一緒にやろう

サラブレッドの産地として有名な静内町（しずない）（現 新ひだか町）で料理店を経営する天野洋海さん（第3期生）との話を紹介します。

「塾に参加して、みんな同じような悩みをもっていることを知り自信がつきました。互いに力を合わせれば素晴らしいことができると実感しました。多くの塾生は生産者ですが、私は料理店です。みんなが育てる素晴らしい素材を、素晴らしい料理にするのが私の役割だと思います。絶品は食べカタ、食べゴトをつくる料理と結びつかなければ生まれません。絶品をつくりたい人は、自分の素材をもって私のところに来てください。じっくり話し合ってすごい料理をつくり、絶品につなげましょう。フード塾仲間からの連絡を待っています」と話してくれました。事実、天野さんは北海道フード塾仲間と一緒に、いくつもの絶品をつくり上げています。生産者と料理のコラボであり、パートナーシップのお手本です。

2017年の冬、天野さんが経営する「あま屋」にヒアリングに行きました。4人の塾生が集まっていました。遠く倶知安（くっちゃん）からじゃがいもをもって参加してきた本間浩規さん（第4期生）、倶知安の2年熟生じゃがいもを使って、天野さんに絶品つくってみてくださいというわけです。見事なジャガイモスープに仕上がりました。最高でした。このスープ、間違いなく絶品になると、食べながら飲みながらの商品開発会議でした。

旭川の酒造メーカー「高砂酒造」の廣野徹さん（第3期生）は、日本酒とは違う地域絶品を開発したいと思っていました。梅酒に目をつけていました。同じ道北の塾生に利尻島の尾形宗威さん（第3期生）がいます。利尻も昆布という素材をもちながら商品化に悩んでいました。

ある会合で昆布梅酒がつくれないか、というテーマが出てきました。高砂酒造がもつ梅酒づくりに利尻の昆布をコラボしたらどんな梅酒になるだろうか、試作を続けました。手応えを得て商品化、すぐ完売でした。「利尻昆布梅酒」の誕生です。

これまでにない利尻のお土産の定番になりました。高砂酒造としても、これまでに経験したことのない新製品開発の進め方につながりました。昆布梅酒というカテゴリーが新しい売上を生み出しています。地元の強さを活かし合ったコラボの実例です。

◆マナーのあるご紹介のお願い

販路開発もコラボの分野です。しかし、「フード塾仲間なのだから、どこかいい販売先を紹介してください」といった安易な取り組みはタブーです。前の章で販路とチャネルは違うと述べました。チャネルはブランドに並ぶ自社の大切な企業財産です。それだけに自分の手で育て上げなければなりません。

販路開発のコラボで大切なのは、チャネルづくりについての相談が基本だということです。まず塾の仲間の中に、自分がつくりたいと思っている絶品にとってお手本になる人がいるかどうかを探すことです。お手本の人がいれば、マナーをもって相談に行くことです。相談に行くときには、商品とともに「企画書」をもっていくことが大切です。お手本の人にとっても、どんなメリットがあるかを考えておくことも相談のマナーです。

チャネル開発のコラボ相手としては「問屋さんとのコラボ」が向いています。ここでも、「どこかいい販売先を探してください」ではだめです。「こんな特徴をもった商品です、こんな買い場で売りたいと思っています。向いている販売先をご紹介いただければ、私自身が営業に行きますのでお願いします」という相談でなければなりません。

その結果、取引きがスタートしたあとの仕事、納品や売り場フォロー、物流や代金回収などの役割は、その問屋さんにお願いするのがマナーです。「コラボ」にマナーが欠ければ、絶対にうまくいきません。チャネルとは信頼づくりの関係なのです。

6 塾後の塾

2016年、「イーゾ」という名前の修了生の会が誕生しました。E-ZOとも、蝦夷とも読めます。北海道フード塾にふさわしい名前です。宴会の乾杯のときには、「イーゾ」という発声でやります。会員制の組織ですが、修了生のほとんどが参加しています。

北海道庁が自治体の立場から塾生企業をリードするのに対して、イーゾは民間の自発的なビジネス組織として活動します。塾で学び合ったこと、約束論文で約束したこと、それが風化しないように刺激し合うことが役割です。年1回の札幌セミナー、各地での実践研究会、コラボの手伝い、道庁とのコミュニケーションなど、やることがたくさんあります。成果はこれからですが、協働意識は十分です。

2017年には、有志約10人が集まって、シンガポールへの視察旅行を実施しました。北海道企業の大きな課題は、海外進出です。道庁が支援して、シンガポールに「どさんこプラザ」が進出しています。2018年には、バンコクに横浜高島屋協力の「どさんこプラザ」がオープンします。これらのアンテナショップを活かして、塾生企業の海外進出をサポートする仕事もイーゾの仕事です。

どの自治体も、地域おこしにかなりの予算を割いています。さまざまな補助金ももっています。しかし、その予算や補助金を効果的に使っているかどうかとなると疑問です。使い勝手が悪く、補助金を使い残したり、予算を無理やり使うといったケースもあるようです。

このような場合、ビジネスの現場に身を置くイーゾの仲間たちの知恵と行動力が活きてきます。どんな予算や補助金が最も効果的かを、日ごろから相談し合える仲間だからこそ出し合える知恵と経験と実証がいっぱいあります。

7 どの地方地域に行っても事情は同じ

◆地方創生の要は人づくり

この5年間、北海道でマーケティングパーソンづくりをやってきました。それぞれが各地域で身の丈に合った仕事を見つけだし、それぞれのマーケティングをやっています。

マーケティングは、大がかりな仕組みで大金を稼ぐという考え方が本質ではありません。

本質は、お客さまへのお役立ち競争のことです。生産者はもちろん、流通業者にも、飲食サービス業者にも、運送業者にも、金融業者にも、学校にも、すべての分野で通用する思想と実践です。

この広い北海道の各地で、そのタネが育ちつつあります。根を生やし、次のタネにつながり、北海道開拓の時代につながるような実直な運動になっています。現実に流されて、「志」が風化していくことも多いと思いますが、「ひとりじゃないんだ」を思い出して頑張ってください。

ときどき自分が卒業した高等学校に行って、進んだデジタル教育を受けた子供たちにアナログの夢を講義するのも良いと思います。それが自分への刺激剤になり、風化を防ぐ具体策にもなります。三方よしではないでしょうか。

地方創生の要は人づくりだと実感します。市場を知り、生産の現場を知っての「人づくり」が大切です。これは日本全国どこでも同じ事情です。

◆若者たちへのお手本になろう

高齢化と少子化が進み、人口が減りつつあります。人口の首都圏集中が進んでいますから、地方が落ち込むのは当然です。地方創生という政策が掲げられてずいぶん時間が経ちますが、目立った実効が上がっているようには思えません。

日本のＧＤＰの約18％を東京が占めます。首都圏という地域で見れば30％くらいにもなるのではないでしょうか。首都圏は消費圏です。生産の多くは海外であり、日本の地方です。日本の食糧自給率は39％です。海外頼りです。

それでいて消費者は、安全な食が欲しい、採れたてが欲しい、国産が欲しいと「贅沢」をいっています。これを解決する一助がマーケティングですから、もっともっと国産食品のマーケティングに力を入れなければなりません。

かつて、地産地消とか一村一品といった運動が脚光を浴びました。素晴らしい運動です。ライフスタイルが変わり、すべての分野でイノベーションが加速するいま、地産地消で再発見した地元の食の素晴らしさを巨大消費地へマーケティングする道が拓けています。

地域の生産者の多くは小さい経営ですから、そのマーケティングは量より質です。地域の小さい生産者たちのマーケティングは、この土地ならではの「絶品づくり」です。同質化による価格競争に悩む大規模流通のほうから、「違い」の商品を求めて絶品探しにやってくる時代です。

「解決力は自分にあり」をベースにして、地元の素材や地元の食文化、地元の生活者に根差す絶品をつくってください。先端技術が加速化し、使い方が簡単になり利用価格が安くなっていますから、これをフルに使いこなすことです。北海道の田舎にいて、東京やニューヨークに「売り切れごめん」の絶品を売る、そんなビジネスをつくろうじゃありませんか。

このような姿勢をもつ「小さくても自立心のある多数」が育ち、お手本ができれば、東京砂漠に飽きた若者たちも戻ってきます。

北海道宗谷の猿仏(さるふつ)村、納税者ひとり当たりの所得が全国で11位です。人口2783人、ホタテの絶品化による街の再生化に成功したお手本です。どん底から這い上がった物語、素晴らしい。取材に行ってみたいと楽しみにしています。

◆生活者起点のマーケティング

日本は狭い国です。しかし、この国は南北に延びる長さが北米を超える国です。それだけ素晴らしい四季があります。海岸線の長さは世界トップクラスです。太平洋と日本海の違いが個性的な地域文化を生み出します。大自然の美しさはどの国にも負けません。この素晴らしい日本の価値を知って、外国人客が激増しています。

目先だけを考えてのマス化・同質化には向かわないでください。マーケティングの基本は脚下照顧(きゃっかしょうこ)です。目移りせず、自分の足元にある素晴らしさを見て、強みを活かし、弱みを強みに変えることからはじめることです。商品づくりの知恵と工夫、店づくりの知恵と工夫、観光づくりの知恵と工夫、それぞれは地域生活者の知恵と工夫から生まれてきます。

北海道フード塾がお手本にしたのは、34年前（1984年）に仲間4人と共に立ち上げた日本マーケティング塾でした。

少子高齢化もあって、生活の姿もそのころと大きく変わってきました。マーケティングも売る人買う人という関係以上に、住みやすい地域生活環境づくりに重点が移ってきました。生活者起点のマーケティングという考えが大事になってきました。名実ともに地域生活の一員である北海道フード塾や秋田マーケティング塾の塾生たちが向かうべき方向は生活者起点のマーケティングです。自分も地域生活者のひとりなのだ、そのなかで自分なりの役割を果たしているのだ、という当たり前のマーケティングが命題になってきたのです。

「ひとりじゃないんだ」を力にして、生活者起点で考え、消費者目線で行動する、これがこれからのフード塾マーケティングです。

東京一極集中、もう卒業しましょうよ。何ものにも代えがたい地方地域の生活価値を見直して、日本を世界に誇れる国にしたいです。基本は「人づくり」です。小さくても自立心のある多数、このパワーによって地方創生、夢ではありません。

Column コラム

ひとりじゃないんだ、コラボだ：天野 洋海

新ひだか町は、競走馬の育成で有名な人口２万３千人の町です。あま屋は、15年前に天野洋海さん（第３期生）がはじめた料理店で、町一番の繁盛店です。「はじめてフード塾に参加したとき、とても不安でした。しかし、難しい講義を聞き終えて夜の懇親会に移り、みんな同じように悩み、これからを探してるんだを知ったとき、この塾の価値を知りました」といいます。

天野さんは料理店の経営者です。塾生の多くはものづくりの経営者です。北海道中に散らばってそれぞれ素晴らしい素材をつくっているプロだと知って、このコラボこそ財産だ、と思ったそうです。「絶品にしたい素材があれば俺のところにもってきてくれ、一緒に絶品を育てよう」と天野さんは呼びかけます。多くの塾生が天野さんのところに集まっています。

天野さんの課題は冬のビジネスをどうつくるかです。仲間と組んでコラボ絶品を協働開発する、そのためにテストキッチンをつくり、料理店という顧客接点を活かして、お客さまの声を聞きながら絶品づくりを実践しています。一緒につくった商品が思ったようには売れなくて舞い戻ったときは、また一緒にやり直しはじめます。この繰り返しが本当のコラボです。

料理店という待ちのビジネスを乗り越えるために、デリシャスダイレクトという名前のネット通販も立ち上げました。コツコツ集めた顔が見えるハウスリストが３千人、WEBリストは１万５千人もあります。この資産を活かして、マイネット通販を立ち上げようとしています。冬を活かすには、客が来ない時間を活かしたマーケティングをやることだ、と天野さんは気づきました。北海道庁が主宰する今年の北のハイグレード選定、あま屋の絶品が３品選ばれました。「あま屋名物タコまぶし飯」「北海道カトルカートあづき」「北海道ユリ根ジャム」です。天野さんが目指す冬のビジネスをつくる絶品開発が実ってきました。

お料理あま屋
北海道日高郡新ひだか町静内御幸町２-５-51
http://shizunai-amaya.com/

おわりに

◆なぜ、いま塾なんだ

2013年（平成25年）に北海道フード塾が開講しました。

北海道は、これまでに食クラスター活動としていろいろな活動に取り組んできました。その一環としてはじまったのが、人づくり研修の場「食クラスターフード塾」です。

北海道庁としては、広く大勢の企業を対象にしたセミナーを開講するのには慣れていますが、限られた人を対象にした塾の経験はありません。それをやろうというのは、公的な組織の仕事としては大胆な決定だったと思います。踏みきった北海道の意思に敬服します。

以後、5年5期が経ち、2018年（平成30年）の1月、127人目の修了生を送り出しました。6期で150人を超すと思います。私は塾の顧問を引き受けています。開講講演で「これまでの一方通行のセミナーと違って、答えがでるまで討議し合う全人格的なふれ合いが塾です」と話します。わずか10日間の勉強ですが、あっと云う間に全員が素晴らしい仲間になります。

多くの塾生は、どのような研修の場になるのか不安の中でスタートしますが、みんなの自己紹介を聞き、抱えている課題を聞くうちに、みんな同じことに悩んでいるんだとわかってきます。初日の飲み会で、みんながぐっと近くなります。

講義やスピーチを聞き、マーケティングについてまだ理解できていなくても、自分が日ごろ悩んでいることへの思い当たりがびしびし伝わることで実感を得てきます。わからないところを塾生たちが話しはじめます。これでより近くなります。講師への素直な質問が出はじめます。もう塾の空気です。

◆絶品をつくろう

この塾は、コンサル型の研修の場ではありません。教えるというよりも、学び合うという場です。悩みを打ち明け、自分をさらけ出し、そこから自分を見つけ出そうという場です。貴重な自分の時間とお金を使って、不慣れな講義を聞き、書いたことのない中期3ケ年マーケティング計画をまとめ上げ、塾生全員と知事の前で発表するのですから緊張もしますし、疲れもします。

でもこの緊張が宝物になります。「自分で書き上げた自分への約束論文を神棚に上げておき、壁にぶち当たったときには取り出して見直しています」という修了生もいます。

他が真似できない価値をもった絶品をもって欲しい、というのが塾のコンセプトです。ひとつでもいい、自信のある絶品をもち、その絶品がお客さまに喜んでいただければ企業全体の風通しがよくなります。

モノが行き渡ったいま、消費者は〝自分なり〟を求めるようになっています。スーパーやコンビニも違いのある商品を探しています。絶品をもち、顔の見える売り方を続けていれば、取引は向こうからやってきます。

この絶品づくりの具体策が、約束論文のテーマになります。

◆すべてのコストは消費者が負担しているのだ

「すべてのコストは消費者が負担している、解決策は消費者がもっている、解決力は自分にしかない」、これは塾の精神です。

塾の現場では、この考えに沿って、これでもかこれでもかと討議を続け、考えます。この精神が欠けた論文は合格しません。地域密着の小さな企業だからこそ、この考えが活きてきます。

塾生の多くは経営者です。地域の小さな経営の多くは刺激が少ないため、「どうせ…」に陥りやすいのも事実です。この考えに沿うことのよって、「どうせ…」を少なくすることができます。この考えを共有することによって、修了生の関係はぶれることがなくなります。

マーケティングでは、デジタル革新の風が吹き荒れています。この革新はフォローです。これを活かすことによって、これまで難しかったことができるようになりました。同時に、マーケティングには生活者起点の風が吹いています。これもフォローの風です。

消費者とは、供給者という言葉に対して使われます。経済論的な言葉ですが一般的にはお客さまといったニュアンスで使われます。これに対して、生活者という言葉の中には、生産する人、商いをする人、消費する人、趣味をやる人、ボランティアをやる人など、さまざまな人の立場が含まれます。

いまのマーケティングでは、この生活者の生活に目を向けて、それぞれの課題解決に取り組まなければならなくなっています。生活者に目を向けることで、消費者が見えてきます。地域の小さい企業は地域生活の中にいますから、その気になって地域生活を見れば、市場が見えやすくなります。生活者起点のマーケティングの時代です。

◆小さくても自立心のある多数

人生100年などといわれます。一般的にいわれる定年60歳、その後の生活をどうするのでしょうか。働ける間は、自分なりに働くのがいいと思います。

フード塾修了生たちは、小さくても自立心のある多数です。みんな地域に戻ればマーケティングを知ったリーダーたちです。この人たちが〝ひとりじゃないんだ〟の気持ちで力を合わせれば、各地各地が生きてきます。

大企業でも、この問題に取り組まなければいい人材は育ちません。定年前から社員それぞれの人生づくりのお手伝いをするような企業でなければ人は育ちません。解決策は、会社人間づくりではなく、地域コミュニティ人間づくりにあると思います。

高齢化社会が進めば進むほど、コミュニティビジネスのニーズは増えます。このコミュニティビジネスをおこし、働きやすい職場をつくる仕事も塾生たちの役割です。地方創生の基本は、「小さくても自立心がある多数」にあると思います。

◆ありがとうございます

本書の上梓に当たって、多くの方々にお力添えをいただきました。ありがとうございます。北海道フード塾のような場を与えてくださった北海道に心から感謝します。特に、高橋知事にお礼申し上げます。塾第1期生の修了論文発表をじっくりと聞いていただき、一人ひとりに適切なアドバイスをいただけたのが、その後の塾の大きな励みになりました。

不慣れな塾の仕事を試行錯誤でひっぱってくださった歴代の食関連産業室の方々に感謝します。この本の作成にもいいアドバイスをいただきました。

何より感謝しなければならないのは塾生の面々にです。地方の小さな企業を対象にした実践マーケティングなぞ、誰も教えることなんてできません。一緒に学び合ってくれたからこそたどりついたのです。

常任講師陣やゲスト講師陣の献身的なご努力・ご協力に感謝します。そして、ＩＤＲとともにフード塾を共催してくださった北海道バリュースコープ社に感謝します。

この本を書くに当たり、多くの方々からのヒアリングやアドバイスをいただきました。ご多忙の中、ご協力くださった方々に心からお礼申し上げます。

専門書の出版を快く引き受けてくださった中央経済社と、自ら担当して何かと助言をくださった杉原常務の編集者を越えたご指導に感謝します。

この本の作成を担当したのはＩＤＲの三浦と橋本佳往専務理事、そして事務局長の毛利庸子さんの３人です。三浦は全編の執筆に当たりました。橋本さんには、日ごろから領域にしているネット流通に関する部分を担当していただきました。毛利さんには、骨格づくりの企画からはじまって、コラム原稿集めから面倒な推敲（すいこう）まで、すべての部分の進行をお願いしました。練達の毛利さんがいなければ、本書は日の目を見ることはありませんでした。心から感謝します。

最後に、私の読みにくい原稿を読みくだして入力する仕事を担ってくれた妻、節子に心より感謝します。

私も流通マーケティングの研究調査や研修指導に携わって55年になりますが、幸い元気です。地域絶品マーケティングをテーマに、これからも現場を歩きたいと思っています。

本書が北海道フード塾や秋田マーケティング塾の修了生の励みになるとともに、全国で地方創生のお仕事に取り組んでおられる方々のお役立ちにつながれば幸いです。

平成30年6月1日

(一社)流通問題研究協会相談役 北海道フード塾顧問

三浦　功

特別資料　気づきシート

下に挙げた項目は、地域絶品マーケティングにおけるチェックポイントです。自社や自分が実践できていないと思う項目に✓点を入れてください。

✓点のついた項目を実践する方法や手順を「気づきポイント」に書いてください。「気づきポイント」を総括して「これから経営」を直してください。

「これから経営」を考える気づきが生まれるはずです。

1．Ⅰ・Ⅱ・Ⅲ分野別に、「気づきポイント」欄に気づいたことを書いてください。 2．全体を通しての気づきを考えて「これからの経営」欄を書いてください。

Ⅰ　マーケティングとマーケティング戦略

1．３ケ年計画を書く　見直しを続ける □
2．日本らしさ、北海道らしさ、自分らしさ…ドメインを大切にする □
3．絶品をもつ、絶品を活かす □
4．競争から目をそらさない、生活者や消費者は一番怖い競争相手 □
5．仮説を立てる　やってみる　手直しを続ける □
6．強みをさらに強くする　弱みは自然に消えていく □
7．身近なリサーチ　店頭を視る　近所に聞く　家族で会議する □
8．地元の素材を活かす　地元の食べ方を活かす □
9．顧客満足と迎合とはまったく違う □
10．“グサリ提案”が生活者の心を動かす □

気づきポイント

Ⅱ　ターゲットとブランドとプライス

11．絶品がもつ６つの条件、市場でのポジショニング □
12．“みなさん”というお客さまはいない、固有名詞での提案が大切 □
13．ターゲット　生活者のどんな欲に的を絞るか □
14．生活流通から商品カテゴリーを知る　朝ごはん　母の日　七五三 □
15．ブランドとは血統書のことだ　だから高く売れる　騙せば大損する □

16. 安物安売りから育ったブランドはない　安価と安物は違う　☐
17. 地元トップのブランドになる　お取り寄せブランドになる　☐
18. 製品と商品はまったく違う　素材　製品　半商品　商品　絶品の違い　☐
19. デザインに金をかける　ロゴはシンボル　パッケージはメディア　☐
20. 価格は決めろ　価格は守れ　それが信用を生み出す　☐

気づきポイント

Ⅲ　チャネルとプロモーション、物流

21. 買い方　つくり方　カタコトマーケティング　☐
22. 小売業のマーケティングを知る　商圏と業態フォーマット　☐
23. モノを流す販路　価値を伝えるチャネル　価値を創るチャネル　☐
24. マイチャネルをもたねば絶品マーケティングは動かない　☐
25. じかに売る　消費者ダイレクト　料理人ダイレクト　☐
26. 工場ショップ　直売ショップ　を主役チャネルにする　☐
27. ネットを活かしやすい商品　ネットを活かしやすいチャネル　☐
28. 物流は“早くて安い”から“確実と価値づくり”に進む　☐
29. 強い絶品をもてばロジコストも交渉できる　なければ言い値　☐
30. パートナーシップがなければコラボは続かない　一流、最恵、分業　☐

気づきポイント

—これからの経営—

____
____
____
____
____
____
____
____

【編者紹介】

一般社団法人 流通問題研究協会
（IDR：The Institute of Marketing & Distribution Research）

1964年創立、1966年通産省所管の社団法人流通問題研究協会として認可され、2012年に一般社団法人化。現在に至る。創立以来、基礎研究を活かした実践力を特徴にした研究に力を入れ、商店街問題など数々の成果物を発表。2008年からは、これからの消費と流通をテーマにした「ホビークッキングフェア」を主催。北海道、秋田県から委託を受け、地域絶品開発と人材育成を目的とするマーケティング塾の企画運営を担当。

「IDRチャネル戦略研究交流会」をはじめとする各種研究会活動、インターネット時代のマーケティングをテーマにした「デジタルマーケティング講座」の主宰や「インバウンド消費を拡大させる意識と行動調査」など、今日的テーマに沿ったさまざまな調査研究活動を実施している。

■名　称：一般社団法人流通問題研究協会
■創　立：1964年（昭和39年）
■会　長：玉生　弘昌
■所在地：〒105-0011　東京都港区芝公園3-5-8　機械振興会館402
■電　話：03-3436-1686　FAX：03-3436-1690
■http://idr.or.jp/

【著者紹介】

三浦　功（みうら　いさお）

1936年高知県生まれ。1959年青山学院大学経済学部卒。㈱日経映画社、㈱日本リサーチセンターを経て1964年流通問題研究協会の創立に参画。社団法人流通問題研究協会専務理事、会長を経て、2011年から理事相談役。その間、神奈川大学講師、中小企業大学校客員教授、政府委員などを歴任。

現在、一般社団法人流通問題研究協会相談役。日本マーケティング塾取締役、高松病院理事、北海道フード塾顧問。

主な著書に『ボーダレス流通への挑戦』（中央経済社）、『日本の心がマーケティングを超える』（共著、税務経理協会）など。

地域絶品づくりのマーケティング
—地方創生と北海道フード塾—

2018年6月15日　第1版第1刷発行

編　者　一般社団法人
　　　　流通問題研究協会
著　者　三　浦　　功
発行者　山　本　　継
発行所　㈱中央経済社
発売元　㈱中央経済グループ
　　　　パブリッシング

〒101-0051　東京都千代田区神田神保町1-31-2
電話　03（3293）3371（編集代表）
03（3293）3381（営業代表）
http://www.chuokeizai.co.jp/
印刷／三英印刷㈱
製本／誠製本㈱

＊頁の「欠落」や「順序違い」などがありましたらお取り替えいたしますので発売元までご送付ください。（送料小社負担）

ISBN978-4-502-27341-4　C3034